打出人生最好牌

林大有　著

很多时候，我们不得不承认：发牌的是上帝，打牌的是我们自己。

人生风云变幻、祸福难测。审时度势，发奋有为，困顿时不坠青云之志，顺境中乘势而上大展宏图，方能打出人生最好牌。

百花洲文艺出版社
BAIHUAZHOU LITERATURE AND ART PRESS

图书在版编目(CIP)数据

打出人生最好牌 / 林大有著. — 南昌：百花洲文艺出版社, 2017.10

ISBN 978-7-5500-2432-8

Ⅰ. ①打… Ⅱ. ①林… Ⅲ. ①人生哲学-通俗读物

Ⅳ. ①B821-49

中国版本图书馆 CIP 数据核字(2017)第 219348 号

打出人生最好牌

林大有 著

出 版 人　姚雪雪
责任编辑　郑　骏
美术编辑　大红花
制　　作　郑　健
出版发行　百花洲文艺出版社
社　　址　江西省南昌市红谷滩世贸路 898 号博能中心 A 座 20 楼
邮　　编　330038
经　　销　全国新华书店
印　　刷　北京欣睿虹彩印刷有限公司
开　　本　787mm × 1092mm　1/16　　印张 13.25
版　　次　2019 年 1 月第 1 版第 1 次印刷
字　　数　300 千字
书　　号　ISBN 978-7-5500-2432-8
定　　价　39.90 元

赣版权登字:05-2017-375

邮购联系　0791- 86895108
网　　址　http://www.bhzwy.com
图书若有印装错误,影响阅读,可向承印厂联系调换。

前　言

艾森豪威尔与寡居的母亲相依为命。幼时母亲喜欢打牌，有时人手不够，他就去“充数”陪客人。他有一特点，摸到好牌，就喜笑颜开，饶有兴致，就认真地打。可一旦摸到不理想的牌，就抱怨沮丧，怨气连天，胡乱出牌。

有一天妈妈严肃地对他说：“孩子，你记住，人生如牌，发牌的是上帝。不论发到你手中的牌，如何地糟，你都要认真地出牌，打出最好的结果。”

他牢记了妈妈的教导，走向社会后，每一项工作都严谨认真地去做。即使是面临失败，他也绝不丧气，努力拼搏，把损失降到最低点。

他走入军界后，很快升任陆军上校；二战时，任盟军驻欧洲最高司令；继杜鲁门之后，出任美国第34任总统。

牌如人生，一把牌分摊下来，幸运的人拿到一手好牌，稍差的人拿到中等牌，背运的拿到烂牌。面对不一样的人生，输赢就一定是上天注定的吗？

答案显然是否定的。

众所周知，方仲永五岁时，不认识书写工具却能出口成章，惊为天人。可以说，从出生的那一刻便拿到了一手好牌。但是，此等先天之资终因不能善用而在二十多岁后如同常人。再如，德国天文学家开普勒，从出生开始就多灾多难，伟大的发明家爱迪生年少时一直被认为是问题儿童，可他们最终都成就了辉煌的人生。

拿到“好牌”的人，生下来就拥有过人的资质，不费吹灰之力就能走到捷径上。但也只是胜了这一局，人生的后面还有许多局，若不能沉着、小心地前进，胜利的女神也未必会眷顾他。有了一手好牌却白白被浪费掉了的人并不少见，拿到坏牌而善加运筹，最终成为赢家的人也比比皆是。

很多时候，我们不得不承认：发牌的是上帝，打牌的是我们自己。

既然人生如一场牌局，不管你拿到是好牌还是坏牌，都要好好分析手中的牌，不浪费你的资源，有规划，充满自信，远离抱怨，开创出生活的另一番局面。人生如牌，牌如人生，尽管当中有太多的不如意，只要我们能够掌握手中的牌，谋定后动，就有机会扳回胜局，占得上风。

如何将你手中的坏牌打好？

如何才能不浪费了自己的好牌？

如何点燃自己的智慧之火？

如何直面人生走向赢局？

从这一刻起，请打开这本书，以它为自省的蓝本。然后，牢牢抓紧你手中的牌，不管它是好是坏，从相信自己一定能成功开始，稳扎稳打地驶向胜利的彼岸吧！

目 录

第一章 怎样将坏牌打好

第二章 有了好牌不会打是种浪费

第三章 自信:命运掌握在自己手中

第四章 出奇制胜破死局

第五章 巧破压力之被动牌局

第六章 智慧点灯，眼观六路打好每张牌

第七章 出牌无悔，不抱怨的人生多亮色

第八章　反躬自省让牌局更精彩

第九章　专注于一,激情不灭

第十章　自卑是寒凉的冰,自傲是苦毒的火

第十一章 得失中超然,豁达中自在

第十二章 感恩与爱并存,生命五彩缤纷

第十三章 乐观直面人生,幸福一刻恒久远

第一章 怎样将坏牌打好

假如把人生博弈当作一场场的战斗它就如场场牌局，不管好牌还是坏牌都是我们手中的武器，进攻也罢，防守也罢，只要善于利用，即便是一手烂牌也同样能够打得漂亮，演绎着风动万千的人生变幻，就看你如何来应对……

将人生“烂牌”打好

众所周知，诸葛亮的空城计本是一副烂牌，但是通过诸葛亮的运筹帷幄，镇定自若，巧妙做局，也将手中的烂牌打好。以一己之力，轻松击退司马懿十五万大军。诸葛亮将手中的烂牌打好了，而且很精彩，成就的更是一段千古的佳话。

人生如牌，牌如人生。上天赐予我们每一个人一副牌，有好有坏，关键看我们如何运筹帷幄，打好手中的牌，让人生变得精彩而不单调。

有一个农村的孩子，初中只读了两年，家里就没钱继续供他上学了。他辍学回家，帮父亲耕种三亩薄田。在他19岁时，父亲去世了，家庭的重担全部压在了他的肩上，他要照顾身体不好的母亲和瘫痪在床的祖母。

20世纪80年代，农田承包到户。他把一块水洼挖成池塘，想养鱼。但乡里的干部告诉他，水田不能养鱼，只能种庄稼，他只好又把水塘填平。这件事成了一个笑话，在别人的眼里，他是一个想发财但又非常愚蠢的人。

听说养鸡能赚钱，他向亲戚借了500元钱，养起了鸡。但是一场洪水后，鸡得了鸡瘟，几天内全部死光了。500元对别人来说可能不算什么，但对一个只靠三亩薄田生活的家庭而言，不啻天文数字。他的母亲受不了这个刺激，竟然忧郁而死。

他后来酿过酒，捕过鱼，甚至还在石矿的悬崖上帮人打过炮眼……可都没有赚到钱。

30岁的时候,他还没有娶到媳妇。即使是离异的有孩子的女人也看不上他,因为他只有一间土屋,还随时有可能在一场大雨后倒塌。娶不上老婆的男人,在农村是没有人看得起的。

但他还想搏一搏,就四处借钱买了一辆手扶拖拉机。不料,上路不到半个月,这辆拖拉机就载着他冲入一条河里。他断了一条腿,成了瘸子。而那拖拉机被人打捞起来时,已经支离破碎,他只能拆开它,当作废铁卖。

几乎所有的人都说他这辈子完了。

但是后来他成了一家公司的老总,手中有两亿元的资产。现在,许多人都知道他苦难的过去和富有传奇色彩的创业经历。许多媒体采访过他,许多报告文学描述过他。其中有这样一个情节让人印象深刻:

记者问他:"在那些失败的日子里,你凭什么一次又一次毫不退缩?"他坐在宽大豪华的老板桌后面,喝完了手里的一杯水。然后,他把玻璃杯子握在手里,反问记者:"如果我松手,这只杯子会怎样?"

记者说:"摔在地上,碎了。"

"那我们试试看。"他说。

他手一松,杯子掉到地上,发出清脆的声音,但并没有破碎,而是完好无损的。他说:"即使有10个人在场,他们都会认为这只杯子必碎无疑。但是,这只杯子不是普通的玻璃杯,而是用玻璃钢制作的。"

英国作家约翰·克莱斯,可以说是全世界数一数二的多产作家,他一共出过564部小说,如果你以一年出10本来算,他花了将近五六十年时间在写小说。出了那么多书,你可能会以为他是百战百胜的作家,那你就错了,他曾经被退稿达753次!

试问你承受得住753次的沮丧吗?

爱迪生这个童年被老师认为愚钝的人,他可是创造出1093项发明,不折不扣是个发明大王,你可知道他失败了多少次,他失败了3000次。所以作为大师的他会如此说:九十九分的努力,一分的天才。

发牌的是上帝,打牌的是我们自己,不管遇到怎样的牌,只要不放弃,努力经营,世间就没有所谓的"烂牌"。

松下年轻时家庭生活贫困,必须靠他一人养家糊口。有一次,瘦弱矮小的松下到一家电器工厂去谋职。他走进这家工厂的人事部，向一位负责人说明了来意，请求对方安排一个哪怕是最低下的工作。这位负责人看到松下衣着肮脏，又瘦又小，觉得很不理想。但又不能直说，于是就找了一个理由："我们现在暂时不缺人，你一个月后再来看看吧。"这本来是个托辞，但没想到一个月后松下真的来了，那位负责人又推托说此刻有事，过几天再说吧。隔了几天松下又来了。如此反复多次，这位负责人干脆说出了真正的理由："你这样脏兮兮的是进不了我们工厂的。"于是，松下幸之助回去借了一些钱，买了一件整齐的衣服穿上又返回来。

这人一看实在没有办法，便告诉松下："关于电器方面的知识你知道得太少了，我们不能要你。"两个月后，松下幸之助再次来到这家企业，说："我已经学了不少有关电器方面的知识，您看我哪方面还有差距，我一项项来弥补。"

这位人事主管盯着他看了半天才说："我干这行几十年了，头一次遇到像你这样来找工作的。我真佩服你的耐心和韧性。"松下幸之助在一次次的被婉拒之后，非但没有气馁，却积极找到自身的不足，靠着毅力打动了主管，终于进了那家工厂。后来松下又以其超人的努力逐渐锻炼成为一个非凡的人物。

每个人的一生中，拿一手好牌是天给的，是先天的；打一手好牌是自己给的，是后天的。先天的好牌是一次性的、短暂的，后天的烂牌是多次的、经常的。当你拿到一手烂牌的时候，有时候真想不玩了，可是我们的人生还是要走下去的，所以我们就应该懂得利用我们手上的牌，尽最大努力来改变牌局。

人生的意义并不在于拿一手好牌，而在于打好一手烂牌！

老是摔牌，你已输了一半

美国前总统老罗斯福跟他妈妈打桥牌的时候，老是摔牌。罗斯福妈妈把牌拿给罗斯福看："你看，我牌不会比你好，但我很冷静打手上牌，而你老摔牌，你已经输了一半。"面对一手烂牌很多人都会选择抱怨、愤怒甚至动用了暴力来宣泄，殊不知如此这般，你已经在人生的这场牌局中输掉了一半。

有兄弟二个人由于卧室的窗户整天都是密闭着，他们认为屋内太阴暗，看见外面灿烂的阳光，觉得十分羡慕。兄弟俩就商量说："我们可以一起把外面的阳光扫一点进来。”于是，兄弟两人拿着扫帚和畚箕，到阳台上去扫阳光。

等到他们把畚箕搬到房间里的时候，里面的阳光就没有了。这样一而再再而三地扫了许多次，屋内还是一点阳光都没有。这时，路过的一位长者看见他们奇怪的举动，问道：“你们在做什么？”他们回答说：“房间太暗了，我们要扫点阳光进来。”长着笑道：“只要把窗户打开，阳光自然会进来，何必去扫呢？”

人生中的抱怨，源自内心的阴郁。因为没有阳光，以为自己被他人遗弃。放宽心，以积极的心态对待每一天，终究还是会发现，其实一切存在即合理，那貌似黑暗的瞬间，都为一个充分的理由而存在。即便阴霾，满怀期待，新的一天还是会有阳光。

戴埃说：“抱怨、责怪徒劳无益。你可以尽情地抱怨别人，拼命地责怪他们，但对自己不会有任何帮助。抱怨的唯一作用是为自己开脱，把自己情绪的不快或消沉归咎于其他的人或事。然而，抱怨本身是一种愚蠢的行为。”其实，有的时候命运并不是厚待了谁、偏爱了谁，只不过有的人努力，所以他走在了前面，这个时候你去抱怨命运的不公，显然就有些幼稚。工作中，机会是均等的，你应该采取的态度只能是更好地去做，抱怨只是徒劳地浪费时间而已。

美国的海关里，有一批没收的脚踏车，在公告后决定拍卖。拍卖会中，每次叫价的时候，总有一个十岁出头的男孩喊价，他总是以五块钱开始出价，然后眼睁睁地看着脚踏车被别人用三十、四十元买去。拍卖暂停休息时，拍卖员问那小男孩为什么不出较高的价格来买。男孩说，他只有五块钱。拍卖会又开始了，那男孩还是给每辆脚踏车相同的价钱，然后被别人用较高的价钱买去。后来聚集的观众开始注意到那个总是首先出价的男孩，他们也开始察觉到会有什么结果。直到最后一刻，拍卖会要结束了。拍卖员问：“有谁出价呢？”这时，站在最前面，而几乎已经放弃希望的那个小男孩轻声地再说一次：“五块钱。”拍卖会停止唱价，只是停下来站在那里。这时，所有在场的人全部盯住这位小男孩，没有人出声，没有人举手，也没有人喊价。直到拍卖员唱价三次后，他大声说：“这辆脚踏车卖给这位穿短裤白球鞋的小伙子！”此话一出，全场鼓掌。那小男孩拿出握在手中仅有的五块钱钞票，买了那辆毫无疑问是世上最漂亮的脚踏车时，他脸上流露出从未见过的灿烂笑容。

这位小男孩没有抱怨手中的钱太少，没有抱怨拍卖员不近人情。他仍旧执着地不放弃自己的目标。他那坚定的信念终于帮他获得了他梦寐以求的自行车。

从来没有一位成功人士是通过抱怨来走向成功的，没有一件事情是用抱怨来解决的。抱怨只会徒增烦恼，只会让人家看不起，只会让心情更加失落。因为，抱怨从来不能解决任何问题。

事实上，抱怨不但不能解决任何问题，还会给我们带来巨大的伤害。抱怨会破坏潜意识的机能。当潜意识接受抱怨的信息后，便自己停止工作，推诿自己的责任。抱怨破坏人际关系。个人的潜能只有在团队潜能得到开发的情况下才能茁壮成长。不满的情绪会破坏内心的平静，从而影响潜意识的工作。

抱怨是出卖自己，没有谁青睐经常抱怨的人。相反宽容是人格魅力的最高表现，站在一个更高的角度看问题，抱怨显得非常自卑。

苏珊是美国一家化妆品公司的创办人。小时候，她和奶奶一起生活在乡下。奶奶开了一个小杂货店，为人慈祥又和气，邻居们都喜欢和她聊天。每当那些喜欢抱怨、爱发牢骚的邻居到商店买东西时，奶奶总是会把苏珊拉到身边，让她看自己和邻居说话。

有一次，邻居爱普生前来买香烟。奶奶问他："今天怎么样啊，爱普生老兄？"

爱普生长叹一声说道："唉，今天不怎么样啊，哈德森大姐。你看看，这天气这么热，气死人了。这种鬼天气，真要命啊！"

奶奶一边给他拿香烟，一边附和着说："是啊，是啊！嗯，嗯……"一直抱怨了十多分钟，爱普生才离开了小店。

又有一次，邻居汤姆一进店门就向奶奶抱怨道："哈德森大姐，真是气死我了！我再也不想干犁地这活儿了！尘土飞扬不说，驴子还不听使唤。我真是干够了！你看看我的腿、脚，还有手、眼睛、鼻子，到处都是尘土，我真是干够了！"

奶奶仍然是那副老样子，一边给他拿东西，一边附和着说："是啊，是啊！嗯，嗯……"

等汤姆发完了牢骚离开小店，奶奶把苏珊拉到身前，问她："孩子，你听到这些喜欢抱怨的人说的话了吗？"苏珊点点头。奶奶接着说："孩子，在每个夜晚都会有一些人，不管是白人还是黑人，不管是富人还是穷人，酣然入睡但是再也不会醒来。那些与世长辞的人，睡觉时不会感到暖和的被窝已变成冰冷的灵柩，身上的羊毛毯已变成裹尸布，他们再也不能为天气热或驴子不听话而唠叨一分钟。孩子，你要记住：不要抱怨，因为抱怨不能解决任何问题。如果你对现状不满意，那你就设法去改变它。如果改变不了，那就改变你的心态去面对这些问题，但你一定不要去抱怨什么。”

长大后，苏珊牢记着奶奶的话，无论遭遇多大的挫折，她也从未抱怨过什么，最终靠自己的勤奋和智慧打拼出了一片天地，成了业界有名的女强人。

抱怨无济于事，只能帮人们找到失败的借口。可是很多人在没有完成既定的目标时总是找一些理由为自己辩护。殊不知，没有人会因为坏脾气和消极负面的心态而获得奖励和提升。面对手中的坏牌，我们必须要知道，冷静面对才是必然的出路，否则，等待你的将只有一个结局——输。

有一个女孩，很小的时候就有一个梦想，成为一名出色的滑雪运动员。然而，不幸的是她竟患上了骨癌，为了保住生命，她被迫锯掉了右脚。后来，癌症蔓延，她先后又失去了乳房及子宫。

接二连三的厄运不断降临到她的头上，却从来没有使她放弃心中的梦想，她一直都告诫自己：“我要为自己的生命负责！决不轻言放弃，我要向逆境挑战！”

她没有被病魔打倒。相反，她以顽强的生命斗志和无比的勇气，排除万难，终于为自己创下了多项世界纪录，其中包括夺取了1988年冬奥会的冠军，并在美国滑雪锦标赛中赢得了金牌。甚至在后来，她还成为了攀登险峰的高手。她就是美国运动史上极具传奇色彩的著名滑雪运动员——戴安娜·高登。

成败只在一念间，戴安娜没有选择摔牌而是选择了冷静面对，所以她赢得了人生的牌局。生命中的每一个好与坏都不是绝对的，谁又能知道当下的坏牌不是为了下一个好牌的出现呢？

在一次激烈的海战中，有一艘船被敌舰击中，沉入海底，全船只有一个人活着漂到孤岛，这个人独自在岛上艰苦地生活。

他天天站在岸边大摇白旗，想尽一切办法，希望有人来救他，可是一直都没有结果。有一天，他千辛万苦搭盖的茅屋，突然起火了，而且一发不可收拾,把他所有的“家当”都烧光了。他伤心之余,埋怨上帝:“我唯一的栖身之处,我仅有的一点生活用品,都化为灰烬,上帝啊,你为何使我走上绝路?”不久,忽然有人驾船来到了孤岛上,发现他并救他出孤岛,他问他们怎么知道岛上有人,救他的人说道:“我们起先也不知道,但是看到岛上有火光,所以船长派我们来看看。”

于是他将起初的埋怨,变为真切的感激,因为上帝借这把火救了他。

郭台铭说:“有时候,人生就是这样,一副好牌,静下心打,也不一定会赢,烂牌,你只要有刺激,不见得会输。”这句话如今品来是否更加的有味道了呢?

坏牌不等于输牌

犹太人有一个著名的故事:

一个卖豆子的人自称是世界上最幸福的人,别人问他为什么,他自豪地说:“因为豆子卖不出去时,我可以磨豆浆卖;豆浆卖不动时,我就再做成豆腐;如果还是无人问津,我姑且晒干当做豆腐干卖吧;若依旧不行,我干脆做成腐乳卖。”

仔细一想,从豆子到腐乳,其间经历的过程,就像抽到了一张张烂牌,但是通过这个卖豆人的巧思、精干,却化腐朽为神奇,化烂牌为好牌。如此看来生活中与其等待机遇,不如自己运筹帷幄,让烂牌出好局。

9个月大,父母双亡,他被作为战争孤儿带离了越南庆和,飘泊来到德国汉堡。周围的一切都很陌生,他无依无靠,惶恐地啼哭,引来不少的好心人,纷纷凑近来哄逗他。其中有对中年夫妇原本育有两个女儿,一直想再添个儿子,无意中见到他,被小家伙清秀聪慧的模样吸引住,于是费尽周折办理好手续将他领回了家。一阵阵恐惧而脆响的哭声,使他成为同批遭受不幸的孤儿中的幸运者,第一个被当地的人家所收养。

孩提时代,他跟着养父母乔迁到比克堡,又到了汉诺威。不论来到哪座城市,他的黄皮肤、黑眼睛都被当地孩童视为异类,令他身陷窘境,屡遭愚弄嘲笑。面对无端的嘲讽，他不反驳也不争辩，只是浅浅地笑，低下头走开，默默地为自己打气。没有多少孩子愿意与他交朋友，老师担心他会因此而自卑消沉，他若无其事地回答说："没有朋友也并非不好，至少可以有更多的时间去学习，可以得到你们的特别关心。"孤单的情境，并未影响他乐观友善的性格，相反让他从小就养成了自我思考、独立解决问题的习惯，拥有了一份比同龄人更沉稳更超脱的心智。

19岁，他怀着参军护国的志向加入联邦国防军，被安排到后勤保障系统，成了一名后备卫生军官。没有士兵不想舞枪弄炮，而卫生军官则主要与病人打交道，少有机会接触枪炮，常常被其他兵种的士兵轻视。其他卫生兵对这种安排牢骚满腹，唯独他不哀怨也不吱声，暗自在心底规划起新的前程。既来之，则安之。他下定决心要在医学领域有所作为，格外刻苦地钻研起功课，后来以优异的成绩被选派到汉堡接受专科医生培训，并在30岁获得医学博士学位。与其临渊羡鱼，不如退而结网，面对"低人一等"的境遇，他没有放弃追求，而是调整了姿态，在退守中选择了一片新的天地，在新天地里编织出同样的精彩。

在加入联邦国防军的同一年，他没有跟随其他年轻人选择加入德国最大的党派，而是悄无声息地成为中间党派自民党的一员。有朋友问他为何不加入大党，他自信满满地说："大党与小党都是相对的，当前的小党可能就是明天的大党，而我今天在小党却能获得更多的机会。"他的判断没有错，在这个以中小企业主、自由职业者为主组成的党派里，他凭借渊博的学识、充沛的精力和横溢的才华迅速得到重用，实现了快速窜升，27岁即荣升为下萨克森州的自民党总书记，此后又任下萨克森州自民党主席、副州长。在自民党内，他的名字等同于平步青云的同义词，更令人惊叹的是，36岁时他又因自民党在联邦议院选举中获得大胜而成功进入德国新一届内阁成员的名单。如果说以前所遭受的逆境、所遭遇的劣势，给他带来了比常人更多的同情，让他更早地学会了坚强，而这一次，他从小党派里脱颖而出华丽登场，则赢得了比其他内阁成员更多的关注和尊敬。

他，就是当今德国政坛最耀眼的新星、新上任的卫生部长菲利普·罗斯勒。

从越南孤儿到德国卫生部长，罗斯勒承受过一次次的劣势考验，可是他没有怨天尤人，更没有自暴自弃，而是始终积极地把握住自己，始终乐观地利用劣势，完成了人生的一次次跨越，成为德国最年轻的内阁成员，也是该国历史上第一位亚裔部长。

当你感到自己正在遭受不幸，并且怨恨命运对你不公的时候，也许你周围就有那么一个人，他总揽了你所能料到的发生在这个世界上的所有不幸，他拿到了一副糟糕透顶的牌。但即使是这样，他依然能够牢牢地控制住自己的生活，不使它朝着更坏的方向发展，然后他才可能在被控制了的生活里寻找一种契机，寻求一种突破。

台湾友华生技总经理高孟熙幼时因病致残、丧亲失怙，贫穷困顿、寄人篱下，在别人看来似乎是注定失败了的人生。但他始终没有放弃，努力跟命运搏斗，从一个贫家残儿奋斗成了一个知名药厂的总经理。

高孟熙说："虽然我拿到一手烂牌，但我还是成功翻牌，赢了这场人生的牌局。"一个人的出身、残疾是无力选择的，但面对后续人生的态度，却是自己可以选择的，如果高孟熙选择自暴自弃，那就只是个彻头彻尾的倒霉鬼而已，"谁说一手烂牌就毫无赢面？只要认真打，就有机会转胜！"拥有"烂牌"不可怕，可怕的是在烂牌面前选择了认输。

全力以赴，锲而不舍

的确，想打赢一场人生的牌局并不是轻而易举的事情，我们不得不承认，赢往往只是少数人的果实，然而我们更应该承认的是，也只有少数人才肯为自己的人生理想锲而不舍、全力以赴，即便屡屡受挫，也不轻谈放弃，所以他们在坚持中稳稳抓住了胜利。

明末清初，我国出现了一位著名历史学家，他的名字叫谈迁。谈迁原名以训，字仲木，号射父。明朝覆亡以后，遂改名为"迁"，字孺木，号观若，自称为"江左遗民"。其人博览群书，精通诸子百家，尤对明史更为倾心。

公元 1621 年，谈迁母病故。28 岁的谈迁守孝在家，这段期间他翻阅了不少明代史书。凭借渊博的学识，谈迁敏感地意识到，这些史书中存在着诸多错漏之处。于是，谈迁立下志向——要在有生之年，编写一部符合明代历史的史学巨著。次年,谈迁开始正式撰写明代编年史——《国榷》。从这时期,谈迁便终年行李不离身,长年远走,四处借书抄阅,收集资料,“饥梨渴枣”“市阅户录”,历经五年之久方才完成初稿。此后,谈迁陆续对《国榷》进行了修订,六易其稿,终积26年之功,在公元1645年,撰成了这部400万字的史学巨著。

然而,天有不测风云。两年以后(顺治四年),谈迁的书稿在一夜之间被小偷全部盗走。为此,谈迁悲痛万分,忍不住大哭了一场。此时的谈迁已然五十有余,他体弱多病,行动不便,记忆力也有所减退,著书立说对他而言,其难度可想而知。不过,谈迁并没有因此气馁,他振作精神,发奋重写。

这样,谈迁再次奔走四方,搜寻资料。4年以后,新稿终于得以完成。公元1653年,花甲之年的谈迁携新稿远赴北京,利用两年半的时间,拜访明朝遗老、故旧,搜寻明朝的轶闻遗史,并对历史遗迹加以考察,对新稿加以补充、修正。前前后后共计30余年,谈迁终于完成了这部史学巨作。

与之相反,在一幅漫画中却出现了这样一个场景:某人为了寻水,在地面上挖了很多口井,但每一口井的深度都与地下河存在着一定距离。其中最深的一口距离水源,似乎只有十几公分。但每一次该人都没有继续下去,他一边对自己说“这里没有水”,一边扛起工具,另寻他处再挖。结果,到最后没有一口井涌出水来。不难想象,如果画中人能像谈迁一样,看准一个可行目标,便集中全力、“雷打不动”地掘进下去,那么他早已品尝到甘甜的清泉了。

图尔是1981年普立兹小说奖的得主,而他的得奖作品《傻子聪明》却完成于1969年。为什么隔了这么久他的作品才得奖呢?因为图尔在1969年完成了他唯一一篇长篇小说《傻子联盟》后四处投稿,却总是一再被退回,在经历了一连串的拒绝后,图尔绝望的在32岁那年饮弹自尽,放弃了他的追求。

然而,图尔70多岁的母亲在他死后,却依然相信他的儿子是个天才,不断地拿着《傻子聪明》和出版社联络,希望能找到伯乐,虽然一直面临不断被拒绝和退稿的命运,但始终不改她的信念。

在连续被八九家出版社拒绝后,最后被著名的小说家赏识而介绍到路易斯安纳出版社,于1980年出版。小说一出版就引起轰动,并在隔年获得普立兹小说奖,而这对图尔而言无疑是最高的荣誉和肯定。

没有不成功的人,只有放弃成功、无法坚持到成功来临的人。有多少人在与成功仅一墙之隔时放弃希望，坐看日落不再进取！他觉得经历了太多的辛苦,他以为已经山穷水尽,他以为成功不会来临,他在成功的前夕以一个失败者的姿态没落下来,他选择了接受失败的结果而放弃了成功的希望。

看看那些在人生中、在事业上取得胜利遥遥领先的人,他们无不有着执着的追求,他们披荆斩棘、一往无前,向着光明的目标不断地冲刺、再冲刺……他们虽然也曾跌倒,甚至摔得很重,但依然顽强地奔向终点。当他们攀上一座又一座高峰、回忆这一路走来“雄关漫道、荆棘丛生”的时侯,心中流淌的一定是赢得成功的无限甘甜。

只是可惜,大多数人,显然不具备这种“全力以赴、锲而不舍”的意志,很多人一旦遭遇挫折,就会毫无原则地“缴械投降”,还有一些人在距离目标仅剩一步之遥的时侯,却丧失了最后的信心与耐心,选择了放弃。他们没有坚持到最后,自然也不会知道,胜利其实已经离自己很近。

所以记住:如果手里拿到了一副不算太差的牌,我们一定要争取去赢;如果不幸摊上一副糟得不能再糟的牌，我们也要尽可能找出一两张还算不赖的牌,用它作为强项,使结局变得相对好些,也就是说,竭尽全力、锲而不舍地控制住牌势。如果你不甘愿输,那么从这一刻起,就请认真地整理自己的梦想,然后像希腊那个士兵——马拉松一样,为了自己的目标全力以赴,一直跑到终点去!

绝不向所谓的命运低头

一位诗人曾这样说道:“你是自己命运的主人,是自己灵魂的引导者。”可见在诗人眼里，命运并不是由上天赋予的，它的决定因素是一个人对于人生态度和方向的选择。

我们知道，人的一生无时无刻不在发生着变化，或许你今朝所拥有的一切,旦夕之间便会付之于流水。毕竟,贫与富、逆与顺已然是无法改变的事实,但未来会怎样?是原地踏步,甚至越走越糟,还是豁然开朗、柳暗花明,这就完全要取决于你的选择。

古往今来,身在豪门、才华横溢、抱负宏伟,却碌碌无为、一事无成的人,比比皆是;而出身贫寒、才智平庸,甚至身有残疾,却能够脱颖而出、冠绝群伦的人，同样不在少数。究其根由，只因为前者太过懦弱，他们将自己定位为弱者，他们轻易地被命运所折服，自此随波逐流、虚度年华，逐渐沦落成为名副其实的“弱者”；而后者，虽然时运不济，饱受苦难，却始终保持着“高傲”的心，他们选择由自己来主宰命运，并在人生的竞技场上，凭借顽强不屈的意志，为自己打造出了引以为傲的标志——“强者”。

海伦·凯勒出生于美国亚拉巴马州塔斯喀姆比亚，19个月大时，因猩红热失去了视听能力。然而，不幸的命运并没有使她屈服，在黑暗而又孤寂的世界里，海伦·凯勒凭借顽强的毅力压制着生理缺陷带来的精神痛苦，她热爱生活，她要用自己的努力来主宰命运，而不是被命运所主宰。

于是，在导师安妮·莎莉文的帮助下，海伦·凯勒逐渐学会了读书和说话，并通过不懈的努力，成功斩获了哈佛大学的学位证书，成为一名通晓英、德、法、希腊、拉丁五国文字的著名作家与教育专家。

1902~1903年，海伦·凯勒撰写、出版了处女作《我的生活》，作品一经发表，立刻在美国文学界引起了轰动，这部作品同时被誉为“世界文学史上无与伦比的杰作”。

海伦·凯勒一生共计写出了14部著作。成名以后，海伦·凯勒一直往来奔走于美国和世界各地，为盲人学校进行募捐，建立起了一家家残疾人福利机构。可以说，她将自己的一生都奉献给了慈善及教育事业，海伦·凯勒也因此入选了美国《时代周刊》评选的“人类十大偶像”之一，并被授予了“总统自由奖章”。马克·吐温这样评价海伦·凯勒：“19世纪出了两个了不起的人物，一个是拿破仑，一个是海伦·凯勒。”

海伦·凯勒的故事，不能不说是一个奇迹，这个一生处于幽闭世界中的“弱女子”，完全凭借着一颗坚韧心，去接受命运的挑战，以其独特的方式与命运相抗衡，并最终赢取了生命的胜利，将“大爱”洒向世界，同时也深深地震撼了世界。

相比海伦·凯勒而言，我们更加身富力强、精力充沛，即便命运多坎坷，但我们至少还拥有海伦·凯勒向往一生的优越条件——声音与光明。什么是命运？一次又一次地摔倒了站起，即便是命运也会向你低头。

一位父亲很为他的孩子苦恼。因为他的儿子已经十五六岁了，可是一点男子气概都没有。于是，父亲去拜访一位禅师，请他训练自己的孩子。

禅师说："你把孩子留在我这边，3个月以后，我一定可以把他训练成真正的男人。不过，这3个月里面，你不可以来看他。"父亲同意了。

3个月后，父亲来接孩子。禅师安排孩子和一个空手道教练进行一场比赛，以展示这3个月的训练成果。

教练一出手，孩子便应声倒地。他站起来继续迎接挑战，但马上又被打倒，他就又站起来……就这样来来回回一共16次。

禅师问父亲："你觉得你孩子的表现够不够男子气概?"

父亲说："我简直羞愧死了！想不到我送他来这里受训3个月，看到的结果是他这么不经打，被人一打就倒。"

禅师说："我很遗憾你只看到表面的胜负。你有没有看到你儿子那种倒下去立刻又站起来的勇气和毅力呢？这才是真正的男子气概啊！"

不断地倒下，再不断地爬起。故事中男子汉的气概并不是表现在跌倒的次数比别人少，而是在于，每次跌倒后，他都有爬起来再次面对困难的勇气和不达目的誓不罢休的毅力。

有人问一个孩子："你是怎样学会溜冰的？"这个孩子说："哦，就是跌倒了爬起来，爬起来再跌倒，然后再爬起来，就学会了。"

现在，摆在我们面前的是两种选择：其一，不负责任地对待自己，在原地不断徘徊，甚至向后退却，向命运低头，做一个碌碌无为的弱者；其二，挺起胸膛、扬起头颅，担起本就属于自己的责任，勇敢地向命运发出挑战，成为一名备受瞩目的强者！

两种选择，两个不同的人生过程，两种迥然而异的人生结局，何去何从只能由你来做出抉择，因为命运掌握在你自己的手中。

将坏牌当作垫脚石

有一天,农夫的驴子掉到了枯井里。那可怜的驴子在井里凄惨地叫了好几个小时,农夫在井口急得团团转,就是没办法把它救起来。最后,他断然认定:驴子已经老了,这口枯井也该填起来了,不值得花这么大的精力去救驴子。

农夫把所有的邻居都请来帮他填井。大家抓起铁锹,开始往井里填土。

驴子很快就意识到发生了什么事,起初,它只是在井里恐慌地大声哭叫。不一会儿,令大家都很不解的是,它居然安静下来。几锹土过后,农夫终于忍不住朝井下看,眼前的情景让他惊呆了。

每一铲砸到驴子背上的土,它都做了出人意料的处理:迅速地抖落下来,然后狠很地用脚踩紧。

就这样,没过多久,驴子竟把自己升到了井口。它纵身跳了出来,快步跑开了。在场的每一个人都惊诧不已。

其实,人生也是如此,每个人的一生都不是一帆风顺的,都会遇到各种各样的挫折和失败,就如砸下来的尘土一般,要想从这苦难的枯井里脱身逃出来,走向人生的成功与辉煌,办法只有一个,那就是“将它们统统都抖落在地,重重地踩在脚下。因为,生活中我们遇到的每一个困难,每一次失败,其实都是人生历程中的一块垫脚石。

当我们从低处往上攀爬时,没有着力点就无从爬起,没有垫脚石就无处着力,人生的奋斗过程也是如此。

你想拾级而上,就需要自己开路造阶,一次次的经验铺就了我们成功的路,为我们的拾阶而上创造了条件。偶有失手,只往下跌几级不要紧,重要的是有勇气继续向上爬。

如果你能学着向前倾倒,最多不过是双手撑地,对失败的原因略加思索,就可能立刻起身去迎接另一个挑战。然后再把这次挫折看作是一次经验,将来就可避免重蹈覆辙,这样就可以帮助你达到成功。

1906 年 11 月,本田宗一郎出生在日本荒僻的兵库县的一个贫穷家庭。由于家庭贫穷,9 个孩子中有 5 个因营养不良而早夭。

本田在上学的时候非常喜欢逃课，这让他的父亲伤透了脑筋。用本田自己的话说："那种正规的教育真是让人厌恶！"但是，对于学校的实验课，他非常喜欢，所以他经常逃课去别的班级上他们的实验课。早期的这种富于探索的精神，为他以后的事业奠定了良好的基础。

后来，本田创立了自己的摩托车制造公司。当时摩托车行业已经快要趋于饱和了，但是他没有畏惧，依然硬着脑袋挤了进去。在5年内，他打败了250个竞争对手，实现了儿时的制造更先进的摩托车的梦想。当然，这期间，他经历了一系列失败。

成功的本田回忆起过去时说："回首我的工作，我感到我除了错误，一系列失败、一系列后悔外什么也没有做。但是有一点使我很自豪，虽然我接连犯错误，但这些错误和失败都不是同一原因造成的。这使我在失败中学到了很多东西。"

"苦难是成功的垫脚石"并不是一句空话。一个真正善于学习的人，不仅仅要学习正面的成功事例，还必须懂得从失败与苦难中学习。养成从失败与苦难中学习的习惯，你的每一次失败便可以说是下一次成功的开始。

一个12岁的男孩子钓鱼技术不太好，好几次有鱼咬钩，他都没有把握好机会，结果让鱼儿溜走了。不过，他并没有放弃，而是耐心地等待机会。后来，一条大鱼上钩了，但这条鱼不甘心被抓，它使劲挣扎想要逃脱，小男孩使出全身的力气拉住鱼杆，拼命跟大鱼较量。他咬紧牙关，努力着，坚持着，最终征服了这条大鱼。

人们往往会用"好事多磨"这个词来比喻在获得成功之前，成功常常会捉弄我们，让我们失败几次，借此考验我们做事是否认真。但可悲的是，很少有人能通过这种考验，大多数的人在经历一两次失败后就放弃了对成功的追求，更不要说具有百折不挠的精神了。

然而，成功贵在坚持，要取得胜利就要坚持不懈地努力。古往今来，许许多多名人的成功也向我们说明了一个道理——好事多磨，坚持就是胜利！只有将所有的困难积攒起来当作自己下一步的垫脚石，你才有可能带上胜利的皇冠。

站在巨人的肩膀上

纵观古今中外，许多人能够成功，完全是因为紧紧跟在一位成功人士的后面。

每个人的成功都不是侥幸得来，都有其必然的理由。而在这些理由中，很重要的一条就是，成功者有时会站在巨人的肩膀上，有一大批更为成功的人在帮助他。就如牛顿曾说的："如果说我比别人看得更远些，那是因为我站在了巨人的肩上。"

诚然，一个人能够取得成功，离不开自身的不懈努力。但是成功人士的帮助，也是不可或缺的一个因素。事实上，不管你从事的事业大小，也不管你本身多么聪明，甚至于你具备了所有优越的条件，但如果没有成功人士相助，你要想获得成功也不是那么容易的事。

纵观古今中外，许多人能够成功是因为紧紧跟在一位成功人士的后面。比尔·盖茨之所以成功，也是因为他在创业初期遇上了一位名叫斯蒂文·扎布斯的成功人士的帮助。事实上，这样的例子还有更多。

汉斯从哈佛大学毕业之后，进入一家企业做财务工作，尽管薪水不错，也很体面，但汉斯无法从工作中找到乐趣和成就感。因为他其实不喜欢枯燥、单调、乏味的财务工作，他真正的兴趣在于投资，他更想做投资基金的经理人。

汉斯为了调节自己的状态，就出去旅行。在飞机上，汉斯看到邻座的一位先生手中正拿着一本有关投资基金方面的书，于是就与他攀谈起来，双方很自然地就转入了有关投资的话题。汉斯觉得特别开心，总算可以痛快地谈论自己感兴趣的投资，因此就把自己的观点以及现在的职业与理想都告诉了这位先生。

这位先生静静地听着汉斯滔滔不绝的谈话，时间过得飞快，飞机很快到达了目的地。临分手的时候，这位先生给了汉斯一张名片，并告诉汉斯，他欢迎汉斯随时给他打电话。

汉斯出于礼貌，接下了那张名片，但也并没有在意，毕竟，对方只是一个再普通不过的中年人。

回到家里，汉斯整理物品的时候发现了那张名片，仔细一看，汉斯大吃一惊，飞机上邻座的先生居然是著名的投资基金管理人！自己居然与著名的投资基金管理人谈了两个小时的话，而他竟然又给自己留下名片。此时的汉斯毫不犹豫，马上提上行李飞往纽约。

一年之后，汉斯成为一名优秀的投资基金经理人。

汉斯的成功告诉我们，要善于抓住机会，不要放过你身边的每一个成功者。如果你也想取得和他们一样的成功，那就走近这些成功人士，并主动结交他们，然后从他们身上学习经验、品质、精神等，并虚心听取他们的建议。与成功者交往，你会觉得豁然开朗、耳目一新，成功的大门也就会随之慢慢向你敞开。

手中不管是烂牌还是好牌，能站在别人肩膀上一起前进的人都是有智慧的人。站在巨人的肩膀上是打赢牌局的一种捷径。只不过牛顿眼中的那些巨人是哥白尼、开普勒、伽利略等科学先知，这里所说的巨人则是身边众多的朋友、同学、同事，甚至是一个毫不相干的陌生人……

我们说站在“巨人”的肩膀上，并不仅仅是希望得到他们的帮助。同时，也可以从他们身上去学习、去吸取。

每一个成功者，不管其成绩大小，也不管其职位高低，都有值得我们学习的地方。学习他人怎么赢得人生是一种智慧。如果你能够从这些“巨人”身上学到很多优秀的东西，就可以避免少走很多弯路。而这又何尝不是一种捷径！事实上，成功者就在你的身边，你需要做的，就是向他们请教，获得他们的帮助，充分利用他们的资源，为自己的事业添砖加瓦，为自己的人生筑起更加坚强的堡垒。相信总有一天，你也会成为他们其中的一员。

第二章　有了好牌不会打是种浪费

人生在世没有绝对的公平，也没有绝对的不公平。发牌的上帝若是偏爱了你，你是否就该选择三呼万岁？答案是否定的。有了好牌你却不能认清它，不能为自己的好牌做正确的规划与充实，一通瞎打，即便是赢牌也同样可以变成一种输牌。

无定位是一种自我浪费

在现实生活中，有这样一些人，他们或是仪表堂堂、谈吐不俗，或是聪明睿智、才华横溢，然而他们始终无法摆脱人生的桎梏，一直在社会的最底层苦苦徘徊、不断挣扎。虽然拥有一手漂亮的“好牌”却不能成就“赢”的人生。

那么，究竟是什么使他们遭遇了前进的瓶颈，在本应腾飞的时刻停滞不前呢？是什么让他们拿着“王牌”也惨败？答案其实很简单，即他们没有给自己确立一个正确的人生定位。有句话说的好——“如果你以奴仆自居，那你永远不会成为主人”。对于所有人而言，你给自己预置一个什么样的定位，将直接决定你的一生，换句话说，如果你将自己定位为平庸者，你的一生将注定碌碌无为；如果你将自己定位为成功者，那么你就是一个成功者！只有正确的定位才能为成功的人生开个好道，没有属于自己的定位，就是对自我人生的浪费。

1986年，被誉为中央音乐学院“四大才子”之一的谭盾，远赴美国哥伦比亚。初来乍到，需要金钱支撑生活的谭盾，只能选择在哥伦比亚的街头卖艺谋生。所幸在这里，他结识了一位黑人琴师，并与之合作争得了一块属于他们的“旺地”——一所商业银行的门前。

一段时间过后，谭盾有了一定的资金积累，此时他选择了与黑人琴师道别，转身奔向自己向往已久的艺术学府——哥伦比亚大学，并追随大卫·多夫斯基及周文中先生潜心学习音乐创作。在哥伦比亚大学中，谭盾自然不能像在街头时那样卖艺赚钱，他的生活也因此显得有些拮据。然而，此时的谭盾已然得到了升华，他的目光超越了物质，在广阔、长远的道路上不断向前延伸……

1988年，谭盾在师友的协助下，于美国举办了个人作品音乐会，成为首位在美国举办个人音乐会的中国音乐家；1989年，谭盾以一曲使用自制乐器演奏的《九歌》，推开了国际音乐殿堂的大门，并不断推陈出新，通过令人惊叹的音乐作品，逐步奠定了自己“国际著名作曲家”的地位；1999年，谭盾凭借歌剧《马可波罗》，一举斩获了格莱美作曲大奖；2001年，谭盾因为电影《卧虎藏龙》作曲，摘取了奥斯卡金像奖“最佳原创配乐奖”……

谭盾成名以后，一次路过自己曾经卖艺谋生的那家商业银行，他惊奇地发现，昔日的合作伙伴——那位黑人琴师依旧占据着这块“旺地”，十年的时间悠悠而过，他的脸上一如既往地挂满了得意与陶醉……琴师询问谭盾现在的“工作地点”，谭盾说出了一家非常具有知名度的音乐厅，黑人琴师却说道：“那个地方也不错，能赚到不少的钱。”他怎么知道，如今的谭盾早已成为了享誉世界的美籍华裔作曲家。

很明显，谭盾之所以能够取得今天的成就，就在于他没有将自己定位在某个银行的门前一直摆地摊，他十分清楚，自己的人生绝不是通过“卖艺”来走完全程；反观那位黑人琴师，他从始至终固守着那块所谓的“旺地”，因此他也只能做一个不入流的街头卖艺者。

有一次，在高尔夫球场，罗曼·V.皮尔在草地边缘把球打进了杂草区。有一个青年刚好在那里清扫落叶，就和他一块儿找球，那时，那青年很犹豫地说：“皮尔先生，我想找个时间向你请教。”

“什么时候呢？”皮尔问道。

“哦！什么时候都可以。”他似乎颇为意外。

“像你这样说，你是永远没有机会的。这样吧，30分钟后在第十八洞见面谈吧！”皮尔说道。

30分钟后，他们在树荫下坐下，皮尔先问他的名字，然后说：“现在告诉我，你有什么事要同我商量？”

“我也说不上来，只是想做一些事情。”

“能够具体地说出你想做的事情吗？”皮尔问。

“我自己也不太清楚。我很想做和现在不同的事，但是不知道做什么才好。”他显得很困惑。

“那么，你准备什么时候实现那个还不能确定的目标呢？”皮尔又问。

青年对这个问题似乎既困惑又激动，他说：“我不知道。我的意思是，有一天想做某件事情。”于是，皮尔问他喜欢什么事。他想了一会儿，说想不出有什么特别喜欢的事。

“原来如此，你想做某些事，但不知道做什么好，也不确定要在什么时候去做。更不知道自己最擅长或喜欢的事是什么。”

听皮尔这样说，他有些不情愿地点头说：“我真是个没有用的人。”

“你只不过是没有把自己的想法加以整理，或缺乏整体构想而已。你人很聪明，性格又好，又有上进心。有上进心才会促使你想做些什么。我很喜欢你，也信任你。”皮尔建议他花两星期的时间考虑自己的将来，并明确决定自己的目标，不妨用最简单的文字将它写下来。然后估计何时能顺利实现，得出结论后就写在卡片上，再来找自己。

两个星期以后，那个青年显得有些迫不及待，至少精神上看起来像完全变了一个人似的在皮尔面前出现。这次他带来明确而完整的构想，已经掌握了自己的目标，那就是要成为他现在工作的高尔夫球场经理。现任经理五年后退休，所以他把达到目标的日期定在五年后。

他在这五年的时间里确实学会了担任经理必备的学识和领导能力。经理的职务一旦空缺，没有一个人是他的竞争对手。

又过了几年，他的地位依然十分重要，成为了公司不可缺少的人物。他根据自己任职的高尔夫球场的人事变动决定未来的目标。现在他过得十分幸福，非常满意自己的人生。

没有目标就没有奋斗。很多人的生活过得很茫然，以致最终的人生变得碌碌无为。没有目标即是没有志向，这就像在夜里走路一样，目标就是夜里的灯塔，指引我们前进。所以，好的人生离不开一个好的定位来开道，立志，设定目标，并为目标奋斗，才是走向成功的前提。

美国人、法国人、犹太人，这三个人即将被关进监狱三年，监狱长说可以答应他们每个人一个要求。美国人爱抽雪茄，要了三箱雪茄；法国人最浪漫，要了一个美丽的女子相伴；而犹太人说，他要拥有一部与外界沟通的电话。

三年过后，第一个冲出来的是美国人，他嘴里、鼻孔里塞满了雪茄，大喊道："给我火，给我火！"原来他忘了带火了。

接着出来的是法国人。只见他手里抱着一个小孩子，美丽女子手里牵着一个小孩子，肚子里还怀着第三个。法国人正愁眉苦脸地准备着如何让孩子们长大成人。

最后出来的是犹太人，他紧紧握住监狱长的手说："感谢你让我拥有 一部电话，这三年来我每天与外界联系，我的生意不但没有停顿，反而增长了200%，为了表示感谢，我送你一辆劳斯莱斯！"

可见，什么样的选择决定什么样的生活，什么样的目标导致什么样的结果。今天的生活现状是由几年前我们的目标决定的，而今天我们的目标将决定我们几年后的生活。你的手中即便抓着再好的牌，若是不会打也必然是一种浪费。

我们应该如何来定位自己的人生呢？我们又应该定位怎样的人生呢？

正确的方向永远是成功的基石

有两只蚂蚁想翻越一段墙，寻找墙那头的食物。一只蚂蚁来到墙脚就毫不犹豫地向上爬去，可是每当它爬到大半时，就会由于劳累和疲倦而跌落下来。可是它不气馁，一次次跌下来，又迅速地调整一下自己，重新开始向上爬去。而另一只蚂蚁则是先观察了一下周围环境，然后从不远处的地方绕过墙去。很快，这只蚂蚁绕过墙来到食物前，开始享受起来，而另外一只还在不停地跌落下去又重新开始。

人生的方向是相当重要的。有了一个好的方向，成功来得会比想象的更快。所以，好的方向永远是成功的基石。如果方向是错误的，勇气终会成为"盲目蛮干"的代名词，坚持不懈也会与"固执己见"同义。在开始一项行动之前，请先审视一下自己以及周围的环境，然后自问："这是一个好的方向吗？"只有方向正确，勇气和坚持不懈才会成为取得成功的有力武器。

必要时,请适当降低目标

有个人布置了一个捉麻雀的陷阱,他在一个大箱子的里面和外面撒了食物,大箱子有一道门,门上系了一根绳子,他抓着绳子的另一端躲在一处。只要等到麻雀进入箱子,他就拉紧绳子,把门关上。一天,有十三只麻雀进入箱子里,还没等他回过神来,一只麻雀就溜了出来。他想等箱子里有十三只麻雀后,就关上门,然而,就在他等第十三只麻雀的时候,又有二只麻雀跑了出来。他想,只要再进去一只就拉绳子,可是在他等待的时候,又有三只麻雀飞了出来。最后,箱子里一只麻雀也没剩。

看到这里你可能会想:“这个人太不懂变通了,十三只捉不到,十二只也很好啊!捉不着更多,捉一只总行吧。可他就是不拉绳子,真是太笨了!”是的,在实施计划、向既定目标推进的过程中,必须时刻注意内外部环境的变化,当既定目标无法达成时应及时调整目标。当环境已经发生变化时,固执地坚守已经不合理的目标,没有任何意义。如果故事的主人公发现一下子捉到十三只是不可能的,于是把目标定在十只或者八只上,到最后就不会落得两手空空的下场了。

确定我们人生的定位就相当于我们人生有了一幅最初蓝图,这张蓝图就是你可以打好人生这手牌的关键一步。

认清自己才能赢得漂亮

2000 年前,古希腊人在德尔裴神庙上刻上了这样的铭文:认识自己,但是 2000 年过去了,认识自己作为一个永恒的话题,依然困扰着我们所有人。

我们总是处于摇摆的两难之中,膨胀而自大,让我们觉得没有什么人能够比我们聪明,没有什么困难可以阻碍我们;虚弱而自卑,让我们觉得我们永远无法成为我们心目中的人,一切的努力都是空洞无力的。我们学习了很多东西,这些学习花费了我们十几年的时间,当我们开始运用这些知识时,我们会忽然感到我们所掌握的和我们所擅长的其实并不相同。有时候,我们很难判断自己擅长什么。

从前有一块铁，不知金子为何物，自以为自己是一块金子。有一天遇到一个铁匠，铁匠说："我要把你打造成一把锋利的宝剑。"铁说："我是一块金子，为什么要把自己打成宝剑。""你只是一块铁，并不是金子。"铁匠摇摇头说，然后遗憾地走了。

在被告知金子另有他物后，便踏上寻金之路。有一天他遇上了一块铜。熠熠发光。

铁说："你在发光，你一定是金子。"铜说："不，我不是我是铜。金子比我光亮得多。"于是铁继续寻找金子。在路上他又遇见一块银，闪闪发亮。铁流动地说："金子你好啊！"银子看看铁说："你认错了，我是银子。金子是黄灿灿的。"铁很失望继续向前走终于有一天铁看见了金子。被金子的光晃得头晕目眩，问："你就是世界是最名贵的金子吧？"金子对铁说："我是金子，但还不是最名贵的这个世界比我名贵的东西多的是。"此时铁很伤心，心想自己永远也不能成为一块金子了。金子对铁说："每个人都有每个人的作用，锋利的宝剑永远也不会由金子做成。你还年轻还需要锻炼。"于是铁便回家了。找到那个铁匠终于把自己炼成了一把锋利的宝剑。

有一句话是"天才就是把自己放在合适位置上的人"，认清自己对一个人的成功非常之重要。

他学习成绩很稳定，从上学第一天开始，总是在倒数几名徘徊。

整个小学生涯，都没有特别擅长的科目，以至于今时今日采访他当年的同学，大多数人对他都没什么印象，太普通了，成绩也不好。好在有一个同学还记得他——每次考试成绩出来，他的脸上都是阴天。

小学的几年中，他被生物课程深深吸引，甚至在学校养过上千只毛毛虫，看着它们变成飞蛾，这算是他给人最特别的记忆，只因在当时引起老师同学的强烈反感。

15 岁时就读于伊顿公学，如愿读上生物课，这是他最喜欢的课程，但是，他的生物课成绩在 250 个男学生里面排名倒数第一，其他理科成绩也牢牢垫底，被同学讥笑为"科学蠢材"。当学科的成绩是最后一名的时候，他还梦想将来要做这个学科的科学家，确实让人觉得荒谬可笑。

他的老师加德姆写了一份报告："我相信他有成为科学家的志向，但以他现在的表现来看，这真是万分的荒谬可笑。”这位教师还觉得他“无法明白最简单的生物学事实”，继续教他“简直是浪费彼此的时间”。

尽管自己成绩很差，老师也认为坚持下去没有希望，但他自己没有放弃，继续自己的想法，他觉得哪怕不能成为科学家，也要满足自己的爱好。

中学毕业申请牛津大学时，由于成绩不佳，他被古典文学研究系录取。招生主任找到他，跟他说，牛津可以录取你，不过有两个条件：第一，必须马上来上学；第二，你不要学习入学考试的科目。

也就是说，牛津大学录取他的条件，是不允许他研究生物专业，或许在老师看来，以他的成绩，真的不适合做科学家。不如去学习他所有成绩中看起来相对还不错的古典文学，这或许是老师对一个孩子的关心，坚持固然重要，但错误的方向，只会让人离成功越来越远。

但是，他仍然对生物学情有独钟，在牛津大学学习一年的古典文学后，他申请转入生物系，再次被老师拒绝，老师听闻过他的生物成绩，不愿意他加入。尽管不被人们相信，他还是坚守自己的爱好，曲线选择了动物学研究，这跟生物学，有莫大的关系。

这一次，不仅仅是老师，连一直支持他的母亲，也反对转系，在母亲看来，英国的古典文学，是世界出名的专业，放着这么好的课程不学习，选择一个冷门的动物学，还是他成绩很差的专业，简直是一件疯狂的事。

他有点倔强，一如既往坚持自己的意愿，拗不过的家人，只得放任他的选择，如愿所偿，他终于开始自己喜欢的科研生涯。此后的时间，他把所有精力交给了生物研究，可是，他还是“太笨了”。一批的同学，有的生意兴隆，有的出版了小说，甚至在生物研究的专业也有同学做出了成绩，只有他，还是默默无闻，不知道在折腾些什么。

是兴趣，而不是成绩的指引，让他能顶住所有的压力，最终在生物学领域“化茧成蝶”，1958 年，在完成博士学位时，他从蝌蚪细胞提取出完整细胞核，成功克隆了一只青蛙，一举成名，被称为“克隆教父”。在牛津读完博士后，他又在加州理工学院完成博士后研究。从 1971 年开始，他一直在剑桥大学工作，如今，79 岁的他现在仍坚持全职工作。2012 年，他以在细胞核移植与克隆方面的先驱性研究荣获“诺贝尔生理学奖”。

认清自己的价值是成功的基石。只有认清自己才能不白白浪费了自己人生的一手好牌。一位哲人说:“征服世界的将是这样一些人,开始的时候,他们试图找到梦想中的乐园,最终,当他们无法找到时,就亲自创造了它。”

谋定后动,蓄势而行

汉代杨雄在他的《法言义疏》中说:“珍其货而后市,修其身而后交,善其谋而后动,成道也。”意思是说,一件好的东西要珍藏到最值钱的时候才可卖出;一个人要经过悉心学习修炼,方可出去交际;一项好的计划要经过精心运筹完善后方可付诸行动。引申到我们今天的发展问题上,就是无论办什么事情,搞什么规划,制定怎样的思路,小到一个项目,实施一项工程,大到建一座城市,推进一项事业,都要进行反复研究,审慎论证,在充分准备的基础上,再进行实施。

四十多年前,有一个十多岁的穷小子。他自小生长在贫民窟里,身体非常瘦弱。却立志长大后要做美国总统。如何实现这样的抱负呢?年纪轻轻的他,经过几天几夜的思索,拟定了这样一系列的连锁目标:

做美国总统首先要做美国州长——要竞选州长必须得到雄厚的财力支持——要获得财团的支持就一定得融入财团——要融入财团就需要娶一位豪门千金——要娶一位豪门千金必须成为名人——成为名人的快速方法就是做电影明星——做电影明星前得练好身体,练出阳刚之气。

按照这样的思路,他开始步步为营。一天,当他看到著名的体操运动主席库尔后,他相信练健美是强身健体的好办法,因而有了练健美的兴趣。他开始刻苦而持之以恒地练习健美,他渴望成为世界上最结实的男人。三年后,凭着发达的肌肉和健壮的体格,他开始成为健美先生。

在以后的几年中,他成了欧洲乃至世界健美先生。22 岁时,他进入了美国好莱坞。在好莱坞,他花了十年时间,利用自己在体育方面的成就,一心塑造坚强不屈、百折不挠的硬汉形象。终于,他在演艺界声名鹊起。当他的电影事业如日中天时,女友的家庭在他们相恋九年后,终于接纳了他这位“黑脸庄稼人”。他的女友就是赫赫有名的肯尼迪总统的侄女。

婚姻生活过了十几个春秋,他与太太生育了四个孩子,建立了一个“五好”家庭。2003 年,年逾 57 岁的他告老退出了影坛,转而从政,并成功地竞选成为美国加州州长。他就是阿诺德·施瓦辛格。

从施瓦辛格的故事中我们不难看出，“谋事在先，成事在后”的缩影，如果没有那行动之前的步步规划，他又怎么能在自己以后的人生中始终向着一个清晰地方向前进？

在现实中，准备不足、谋划不周、未谋先动的现象时有发生。一个企业投入巨资，刚刚建成不久就要停产下马；一项工程耗资费力，实施数年，但刚刚完成就失去了功用；一个规划刚制定好又被另一个规划所替代……结果尽管下了很大功夫，付出了很多努力，但由于盲目前进而事与愿违。

不管我们做什么事情，想要获取成功便离不开“谋定后动”这四个字，只有经过大脑思虑后再去把握住一切要素行动计划才能成就财富，才能创造成功的神话。打牌是如此，人生亦是如此，不能运筹帷幄，即便手中是王牌也只能一败涂地。

集中你所有的力量

有一只身材修长的兔子，天生就喜欢跳远。一天，森林王国要举行首届运动会，兔子闻听后，就乐呵呵地报名参加“跳远”的项目。果然，兔子击败了鸡、鸭、鹅、小狗、小猪等动物，夺得了“跳远冠军”。

后来，一只老狗对兔子说：“可爱的兔子，你的天资、体力这么好，却只得到跳远一项金牌，实在太可惜了。你只要好好努力练习，还可以得到更多的金牌！”

“真的吗?你觉得我真的可以吗?”兔子受宠若惊。

“没错！我可以教你跑百米、游泳、举重、跳高、推铅球、马拉松……只要你好好跟我学，就一定没问题！”老狗说。

在老狗的怂恿下，兔子开始了夺得多项冠军的努力。他白天练习跑百米，早晚跳下水游泳，游累了就上岸练举重；隔天，跑完百米，赶快再练跳高，甚至练习撑杆跳，接着，又推铅球，跑马拉松……

第二届运动大会到来了，兔子报了很多项目，可是它跑百米、游泳、举重、跳高、推铅球、马拉松……没有一项入围，连最拿手的跳远也明显退步，在初赛时就被淘汰了。

兔子练习各项运动不可谓不努力，时间不可谓不长，但就是成效不大，其原因就是他的精力没有得到有效的集中，觉得自己既可以做这个，又可以做那个，到头来，一样都没有做好。其实，兔子拿到的“跳远冠军”，就是专注在跳远领域的“顶尖成就”，何必一定还要去跑百米、游泳、跳高、举重、推铅球、跑马拉松……精力分散怎么能拿第一名呢？

事实上，成就非凡赢得人生这手好牌的人，无不是集中精力取得成功的。只有将所有的力量都集中在一点上我们才能增加更多赢的几率。

公元前300多年，雅典有个叫台摩斯顿的人，年轻时立志做一个演说家。于是，四处拜师，学习演说术。为了练好演说，他建造了一间地下室，每天在那里练嗓音；为了迫使自己不能外出郊游，一心训练，他把头发剪一半留一半；为了克服口吃、发音困难的缺陷，他口中衔着石子朗诵长诗；为了矫正身体某些不适当的动作，他坐在利剑下；为了修正自己的面部表情，他对着镜子演讲。经过苦练，他终于成为当时“最伟大的演说家”。

年轻的时候，我们可能会对很多事情都感兴趣，但人一生的精力毕竟有限，很难在各个领域都有所建树。歌德曾这样劝告他的学生：“一个人不能骑两匹马，骑上这匹，就要丢掉那匹，聪明人会把凡是分散精力的要求置之度外，只专心致志地学一门，学一门就要把它学好。”

曾有个年轻人向昆虫学家法布尔求教：“我花了无数时间在我爱好的事业上，可是一直毫无建树，这是为什么呢？”

法布尔安慰他说：“没有关系，我相信你是一个有理想并最终会成功的青年。”

这个年轻人说：“是啊！我的爱好广泛，我喜欢自然科学，对文学也有兴趣，在艺术上也很有造诣，可以说，所有的领域我都有涉猎。”

法布尔听后，皱起了眉头，递给年轻人一个放大镜，说：“年轻人，你必须像这把放大镜一样，把你的精力集中到一个焦点上，否则，你不会成功的。”

法布尔的话很值得深思。我们知道，普通光是大量原子各自独立发光，这些光发生的时间、频率、方向、相位都不一样，好比剧院散场时，观众向四面八方走开一样；而激光的频率、方向、相位等都十分一致，好像观众排着队伍，迈着整齐的步子出发一般。激光高度聚焦，专攻一点，所以能量巨大，作用特殊；而普通光光线四射，能量分散，所以作用平常。

我们只有集中精力做好一件事情，在这件事情上可以比其他任何人都做得出色，我们才会将人生这局牌赢得漂亮。

善于利用自身优势才能成功

一些原本很有优秀潜质的人却终其一生也未能成功，这是为什么呢？因为他们不了解自己的优势是什么，故常常过高或过低地估计自己的能力，本来有能力做成的事，结果因犹豫不决而错失良机；本来需积累力量借助他人才能做成的事，结果因求胜心切而独自贸然出击。赢得人生的关键是要清醒地面对自己，发现自己的优势，并利用自己的优势去打败种种不利境遇。

无论在学习还是工作中，发挥自己的优势，给优势插上翅膀，寻找一切展示的机会，你的未来一定别有洞天。

有两个少年在厕所相遇，其中一个找另一个戴帽子的借了点儿手纸。等出了厕所借手纸的给戴帽子的上了根烟，以示感谢。于是两人边走边聊。戴帽子的说："最近家里逼着我学钢琴，可我怎么都弹不好，郁闷啊！"借手纸那位诧异地说："钢琴有什么难学的？我从五岁开始弹，现在越弹越溜。倒是我们家里人老逼着我写诗，烦呐！"戴帽子的一听乐了，从背着的挎包里拿出一沓稿纸："哥们儿就爱写诗，喏，这都是，不行你拿走回家交差去。"

原来这个不爱学琴的就是大诗人歌德，不爱写诗的则是莫扎特。

孙中山先生说过："人能尽其才则百事兴。"学者研究发现，人类有 400 多种优势，我们应该了解自己的优势是什么，然后把生活、工作的重心放到优势之上，这样才能成功。我们都是自己的宝贝，我们要做自己的主宰！人生的诀窍就在于经营自己的长处。我们千万不要把宝贝放错地方而使其变为废物。

某单位的外贸部有两位年轻人，一位是日语翻译，一位是英语翻译。两人都是名牌大学毕业。风华正茂，在单位领导的眼里，两人都是未来外贸部经理的候选人。对此,两人心照不宣。在工作上暗暗较劲,你追我赶,每年的业绩完成得都十分出色。

该单位原先有日商的投资,因此单位经营层经常需要和日本人打交道,那位学日语的理所当然经常在公开场合露面。一时间,他在单位里的口碑超越了那位英语翻译。

英语翻译坐不住了,照此下去,他肯定会处于劣势,失去很好的晋升机会。于是,他决定凭着大学时选修过日语的基础,暗暗学习日语,准备超越对手。

几年过去了,他拥有了一张日语等级证书。他开始尝试着与日商进行对话,帮助一些营销员处理一些有关日文的翻译任务。同事们对他掌握两门语言十分佩服,他自己也有一种成就感。

但就在他自我感觉良好的时候,他在翻译澳大利亚商人的贸易合同时,出现了关键词汇失误,给公司造成了10万美元的损失。虽然事后公司通过谈判,挽回了部分损失,但公司董事长为此十分震怒。

反省再三,他醒悟过来,这些年忙于去学日语,早已疏于对英语词汇的充实和温故,错误的发生其实是不可避免的。

他在自己专业上败下阵来,而且他的日语即使再苦学几年,也无法达到对手的水平,他悔之不及。

南唐李后主李煜是大家所熟悉的,他的词华美排测,情感真挚,不知打动了多少时代的知识分子。但他背了一个亡国之君的骂名。假如不把李煜放在君主的位置上,那他的文学才华将更加光芒四射。我国当代著名的数学家陈景润也是一个很好的例子。陈景润数学成绩优异,放到中学去教书,却是一个蹩脚的数学教师;后来还是其老师慧眼识英才,把他调入中科院,他才能采摘数学王冠上的宝石:哥德巴赫猜想。这些例子无不证实了美国政治家富兰克林的话:“宝贝放错地方便成为废物。”这些例子也给我们一个启示,要使自己的价值得到体现,就得发挥自己的长处。一个人的长处能发挥到极致,那他的人生才有可能光芒四射,才有可能站在王座之上。

孤军奋战需慎行

《旧唐书》卷三《太宗本纪》,上面记载了唐太宗评价隋文帝的一段言论,可谓经典之至:“此人秉性极为精细,可是头脑并不明智。头脑昏暗则思考问题就阴塞不通,过分的精细就对事情多有怀疑。所以他会以为天下人都不可信,凡事都亲自决断,既劳心费力,又没有把事情办得全都合理。大臣们既然知道了皇上的心意,也就不再敢直言不讳,天下这样广大,事务如此繁多,怎么能由一个人独自决断呢?”

由此段话,我们可知,在那个时候唐太宗就已经深刻体会到,想要作为一个决胜于千里之外的高人,只靠自己孤军奋战那是行不通的,必须要懂得借力的奥秘。

纵观历史,我们不难发现还有很多如隋文帝一般“费力不讨好”的人。例如,魏明帝亲自检查下发的文书,而一代霸主的秦始皇也曾用衡器称量奏章。而唐太宗的高明之处,就在于他不但能够认识前人的谬误,并且能够在他们的基础上,采取“选天下之才,为天下之务”的用人治国之道。他将国家当作一部机器来看待,各个职能部门中的官员是这架机器上的各个部件。只有各级官员都能各司其职,各负其责,国家机器才能够运转良好。就因为有了唐太宗的“借力”英明,贞观之治毫无悬念地成了历史长河中的一道璀璨明星。打人生这局牌更是如此,孤军闯天下,必然少不得败北。

有一个村庄很富裕,并且人口过万,是个大村。有好几家保险公司都把这个村当成了保险营销的工作重心,并不断派出大批量的营销员进村入户,拜访签单。

俗话说,“有钱人难打发”。因为这个村大部分家庭都有钱,有钱人也不“稀罕”你那一丁点儿保险利益,并且,还有许多人根本不愿意听营销员讲什么“保险理念”,所以这个村的保险普及率并不高。

有一家保险公司新调来了一位老总叫张平,当他获悉这个村的情况后,甚为惊喜。在他看来,保险普及率不高说明大有潜力可挖。于是,他便找来公司的主管商量，看看有谁能请来他们村的支书和村长。有一个李姓主管说，他虽然自己不能把他们村的支书、村长请来，但他表哥能。因为他表哥是这个村所在镇的镇长。于是，这位张总便委托这位李姓主管与他表哥取得联系，并且言明如果方便的话，张总想去拜访这位镇长。

后来，张总与镇长先交上朋友了。

又是一个礼拜天。晚上，镇长约了刘支书和吴村长与张总聚会，席间，相言甚欢。就这样，张总与刘支书和吴村长也成了朋友。

在以后的日子里，镇长、刘支书、吴村长分别成了这家保险公司的常客。有一天，张总约刘支书和吴村长来到保险公司。张总开口说："我们公司最近推出了一款非常适合农民购买的新产品，保费低，保险利益高。你们村经济条件好，我想借用您们村的'宝地'进行推广，不知道行不行？"

刘支书和吴村长商议后说："这好办。我们都认识这么久了，也知道了保险的好处。我们回去以后，可以先召开党员与村组干部会议进行宣传发动。我们村集体还有一部分收入，我们可以拿出一部分对那些积极投保的农户进行奖励或者补贴，从而调动大家的投保积极性。并且，我俩可以带头一人先签一张十万元的单子。"

刘支书和吴村长回到村里的第二天，就组织召开了党员、干部保险专题会议，并请张总和公司的讲师到场给大家解疑释惑。就这样，谢总的公司当天就签回保费三百一十多万。在余下的日子里，谢总所在的保险公司共在该村收入保费达两千多万元。至今，该村仍然是这家公司的主要保险费来源之一。

在这个故事里，张总借助李主管、镇长、刘支书和吴村长的关系进行保险营销，从而达到了用"别人的能力和智慧为自己服务"的目的。在人生这场棋局中大多数人不是天生就处于劣势，之所以败北皆是因为不能善用他力孤军奋战，从而导致自己一败涂地。

大到一个国家，小到一个单位、一个企业的兴衰，甚至是个人的发展，莫不都是如此。善借助别人力量的人，人气旺盛，影响力大，事业成就必然也随之增大。

比尔·盖茨创造了20世纪最美丽的财富神话。他拥有大多数人耗尽毕生精力都不能获得的财富，他在多年中一直蝉联世界财富排行榜首位。

在商业史上，从来没有哪位创业家像比尔·盖茨一样，那么年轻就如此成功;也从来没有人像他一样,用那么快的速度就使那么多的人成为富翁。

比尔·盖茨以自己卓越的经营智慧而名噪天下。他的创业经历成为世界各大学院校工商管理的范例,他已成为青年人奋斗的偶像。

最初比尔·盖茨的微软公司可不像今天这样庞大和赫赫有名,那真是一家微小而又不硬的小公司,最初几年,比尔·盖茨和别人一样,举步维艰,干得非常辛苦。一次,盖茨受邀向"蓝色巨人"IBM 公司即将开发的新型个人电脑提交一份操作系统方案。事实是,微软当时既没有操作系统,也没有时间开发 IBM 所需的那种操作系统。但是盖茨却意识到巨大的机会到来了,他毫不犹豫地对 IBM 的负责人说:"是的,马上!"这两个词正是 IBM 所希望听到的。

然后呢?

世界首富的思路确实是不同于常人的,盖茨没有挑灯夜战地自己去编写程序,来开发这样的系统——在规定的时限内那是不可能完成的任务。相反的,他开始寻找一家已经完成了开发电脑操作系统这项复杂工作的公司,并最终以 5 万美元的价格买下了这套操作系统,它后来成了大名鼎鼎的 MS-DOS 操作系统。

众所周知,在 MS-DOS 操作系统的基础上,微软后来才又开发出了 Windows 操作系统,而今天,微软的操作系统已经占据了全世界 90%的个人电脑市场。可以说,那次机会,对盖茨今后事业的发展是至关重要的。然而我们深信,对于具有像盖茨这样头脑的人来说,即便他没有抓住那次机会,他也依然会在日后创造出属于自己的巨大的机会来,原因只有一个,善于运用他力的人都是能够创造神话的人。

第三章　自信:命运掌握在自己手中

世上不管是什么人都是自信这股强大力量的眷顾者，假如你认定自己是一个不起眼的石头，那么你可能永远就只是一块石头；假如你坚信自己是一个无价的宝石，那么你就会成为宝石。这就是自信拥有的强大力量——掌握着命运。

想赢就不要怀疑自己的牌

一天艾伦和李斯在一起打牌——比点,牌一到手两人都在心中笑了,因为彼此手中都是一套不错的牌,艾伦手中是双Q,李斯手中是双J。一场恶战少不了,只是结局如何呢?最后却是艾伦输了。双Q大过双J输掉的却偏偏是最漂亮的牌,在揭牌的那一刻艾伦很是后悔,甚至摔起了牌。李斯保持着始终的云淡风轻,放下了自己手中的牌不禁笑了:"艾伦,你还是年轻,记着,你输在不自信,输在怀疑自己手中的牌。"

每个向往成功、不甘沉沦者,都应该牢记一句至理名言:"最优秀的就是你自己!"打牌如人生,若你自己都怀疑了自己的优秀,那好牌永远都无法成为真正的好牌。

古希腊的大哲学家苏格拉底在临终前有一个不小的遗憾——他多年的得力助手,居然在半年多的时间里没能给他寻找到一个最优秀的闭门弟子。

苏格拉底在风烛残年之际,知道自己时日不多了,就想考验和点化一下他的那位平时看来很不错的助手。他把助手叫到床前说:"我的蜡所剩不多了,得找另一根蜡接着点下去,你明白我的意思吗?"

"明白,"那位助手赶忙说,"您的思想光辉是得很好地传承下去……"

"可是,"苏格拉底慢悠悠地说,"我需要一位最优秀的承传者，他不但要有相当的智慧，还必须有充分的信心和非凡的勇气……这样的人选直到目前我还未见到，你帮我寻找和发掘一位好吗？”

“好的，好的。”助手很温顺很尊重地说，“我一定竭尽全力地去寻找，以不辜负您的栽培和信任。”

苏格拉底笑了笑，没再说什么。

那位忠诚而勤奋的助手，不辞辛劳地通过各种渠道开始四处寻找了。可他领来一位又一位，总被苏格拉底一一婉言谢绝了。有一次，当那位助手再次无功而返地回到苏格拉底病床前时，病入膏肓的苏格拉底硬撑着坐起来，抚着那位助手的肩膀说：“真是辛苦你了，不过，你找来的那些人，其实还不如你……”

“我一定加倍努力，”助手言辞恳切地说，“找遍城乡各地、找遍五湖四海，我也要把最优秀的人选挖掘出来，举荐给您。”

苏格拉底笑笑，不再说话。

半年之后，苏格拉底眼看就要告别人世，最优秀的人选还是没有眉目。助手非常惭愧，泪流满面地坐在病床边，语气沉重地说：“我真对不起您，令您失望了！”

“失望的是我，对不起的却是你自己，”苏格拉底说到这里，很失意地闭上眼睛，停顿了许久，才又不无哀怨地说：“本来，最优秀的就是你自己，只是你不敢相信自己，才把自己给忽略，给耽误，给丢失了……其实，每个人都是最优秀的，差别就在于如何认识自己、如何发掘和重用自己……”话没说完，一代哲人就永远离开了他曾经深切关注着的这个世界。

那位助手非常后悔，甚至后悔、自责了整个后半生。

为了不重蹈那位助手的覆辙，请相信自己，更要相信自己的优秀，只有自己相信了才能创造真正的优秀。

跆拳道女子负 67 公斤级冠军罗微也告诉自己：“别着急，别着急，你有的是实力，你不怕她。你只要稳住脚，别跟着她走，就能赢！”

跆拳道负 67 公斤级比赛正在进行，体育场里一片沸腾，几乎所有的观众都在为赛场上的一位选手加油助威，希腊选手拥有着绝对的东道主优势。如滔天巨浪一般的助威声中，陈立人教练独自站在一旁，用尽全身力气对场上的罗微呐喊着。

在这句话隐隐约约传入罗微耳朵里之前,希腊观众一边倒的助阵声势确实对天不怕地不怕的罗微造成了一定影响。她身高,腿长,是一个天生的进攻型选手。从前的比赛中,她也确实是以进攻为主的,但这次怎么这样拘谨呢,防守反击可不是罗微的优势啊!陈教练急了。跆拳道协会前任主席魏纪中也急了,他也大声地对罗微喊道:“不要太保守!”

罗微听到了台下自己人的叮嘱,她的头脑蓦然清醒起来。是啊,对方的实力根本没自己强,怕她做什么呢?看台上的加油声再大,哪怕大到把体育馆震塌,自己还是最棒的啊!“金牌应该是我的!”罗微对自己说。事实也的确如此。

世事多变,不可能尽如人意。总会出现一些突如其来的变故,打乱原本部署好的计划。在这些时刻里,我们每一个人所能把握的,只有自己而已。对于自信的人,任何意外都只不过是为胜利增加谈资,使成功的盛宴更加丰盛。不管发生任何事,都要记住:你是最优秀的!任凭风云变幻,永不能改变的,是自信带来的光荣。

请相信自己吧,相信自己是最优秀的,这份信念会带着你走向你渴望自己成为的那种人!

自己的命运在自己手中

上帝的使者来到人间,他碰到一个卜者在给两个孩子占卜前程,只见卜者指着一个孩子说:“富翁。”然后又指着另一个孩子说:“乞丐。”二十年后,上帝的使者又来到人间,看到以前的那两个孩子,结果令他百思不得其解,当初认为的富翁却成了乞丐,而当初的乞丐却成了富翁。于是,使者去问上帝,上帝说:“我赋予每个人的天赋只决定他命运的一半,而其余的则在于他自己如何把握。”

人生就是这样,命运常常掌握在自己手中。也许你禀赋天成,也许你资质平庸,但决定命运的往往不是这个,而在于自己如何去掌控。

英国一所中学曾经做过这样一个心理实验:把几个普通学生集中在一个

班里，宣称之所以挑选他们，是因为他们是最优秀的，学校将选派最好的老师为他们授课。而对那些优秀学生集中在一个班后，则对优秀的学生表示他们没有多大希望。在同等的师资水平和课外安排下。

一年后，得到意想不到的结果：原来那个普通班，由于认定他们是最优秀的，他们自己也把自己当作最优秀的，有了自信，因而积极性特别高涨，结果个个都是成绩出类拔萃。而原来的优秀学生的那个班由于认定他们没有多大希望，因此他们丧失了自信，学习积极性严重下滑，结果个个都是成绩一落千丈。

可见，信心是成功的基本品质。只有不屈不挠，以金石可镂的精神不息奋斗，默默耕耘才有可能获得一方土地，才能收获人间的春天，创造出惊人的神话。

有一个人他把全部财产投资在一种小型制造业上。由于世界大战的爆发，他无法取得工作所需的原料，因此只好宣布破产。金钱的丧失，使他大为沮丧。于是，他离开了妻子儿女，成为一名流浪汉。他对于这些损失无法忘怀，而且越来越难过，后来甚至想跳湖自杀。 一个偶然的机会，他看到一本《自信心》的小书。这本书给他带来勇气和希望，他决定找到这本书的作者，请作者帮助他再度站起来。

当他找到作者，说完他的故事后，那位作者却对他说：“我已经以极大的兴趣听完了你的故事，我希望我能对你有所帮助，但事实上我绝无能力帮助你。”

他的脸变得苍白，低下头，喃喃地说道：“这下子完蛋了。”作者停了几秒钟，然后说道：“虽然我没有办法帮助你，但我可以介绍你去见一个人，他可以协助你东山再起。”

刚说完几句话，流浪汉立刻跳了起来。抓住作者的手，说道：“看在老天爷分上，请带我去见这个人。”

于是作者把他带到一面高大的镜子面前，用手指着镜子说：“我介绍的就是这个人，在这世界上，只有这个人能够使你东山再起。除非你坐下来，彻底认识这个人，否则，你只能跳进密歇根湖。因为在你对这个人作充分认识之前，对于你自己或这个世界来说，你都将是个没有任何价值的废物。”

他朝着镜子向前走了几步，用手摸摸他长满胡须的脸孔，对照镜子里的人从头到脚打量了几分钟,然后退几步,低下头开始哭了起来。

几天后,作者在街上碰见了这个人,几乎认不出来了。他的步伐轻快有力,头抬得高高的。他从头到脚打扮焕然一新,看来是很成功的样子。

"那一天我离开你的办公室时,还只是一个流浪汉。我对着镜子找到了我的自信。现在我找到了一份年薪三万美元的工作。我的老板先预支了一部分钱给我家人。我现在又走向成功之路了。"他还风趣地对作者说:"我正要前去告诉你,将来有一天,我还要再拜访你一次。我将带上一张支票,签好字,受款人是你,金额是空的,由你填上数字。因为你介绍我认识自己,幸好你要我站在那面大镜子前,把真正的我指给我看。"

那人说完后,转身走入芝加哥拥挤的街道,这时作者已经发现:他从来不曾发现,"信心"价值在那些人的意识中,原来也隐藏了巨大的潜能。世界上,除了信心之外,还有其他的力量能做这样的事吗?

命运就在我们自己手中,但需要我们自己去创造;幸福就在我们的手里,但需要我们不停地努力。或许命运的折磨就是命运的恩赐!做自己的主宰!正像歌德所说:"谁要游戏人生,他就一事无成,谁不能主宰自己,永远是一个奴隶。做自己的主人吧。"

接纳自己,欣赏自己

安妮是一位从小就有脑性麻痹的女孩,她不能够控制自己的肢体,基本不会说话。这样的女孩,她的成长之路必然充满艰辛。但是,谁能想象在这种情况下她凭借自己的努力,获得了美国普林斯顿大学的艺术博士学位。

一次,有一个学生小声问她:"请问,您从小就长成这样,你怎么看自己?你没有怨恨过吗?"安妮嫣然一笑,在黑板上写下了以下内容:

我有可爱的笑容!

我的腿很美!

爸爸妈妈这么爱我!

我会画画!

我有只乖巧的猫!……

很多人被自卑蒙蔽了双眼，无法看到自己身上的闪光点，并因此妄自菲薄、郁郁寡欢，更有甚者"破罐子破摔"，就此萎靡不振。

事实上，我们根本无须沉沦在这种情绪之中，久久无法自拔。因为客观地说，来到这个世界上的每一个人，都带有与众不同的天赋与特长。

第一次踏出沙漠的小骆驼，在大开眼界以后，忍不住伤心地问妈妈："妈妈，为什么我们的眼毛比其他动物的都长？把眼睛都挡住了，又丑又不舒服。"骆驼妈妈回答它："我们行走于沙漠之中，当风沙袭来，长长的眼毛可以帮我们挡住风沙，这样我们就可以睁着眼睛看清方向，也就不至于迷路了。"小骆驼听完点了点头，情绪有了明显的好转。

过了一会，小骆驼忍不住又问："妈妈，为什么我们的背上长了这么两个大包？难看死了！"骆驼妈妈耐心地告诉小骆驼："这不是什么大包，它叫做驼峰，可以帮助我们储存大量的水及养分，有了它，在没有水和食物进行补给的情况下，我们依然可以在沙漠里坚持走上十几天，这是其他任何动物都无法比拟的。"

听了妈妈的解释以后，小骆驼不禁兴奋地大叫起来："好棒啊，原来我身上的东西有这么大的用处……"

看了上面的故事，我们完全可以这样认为：这个世界上的每一个人都是天才！只不过，大多数人都和小骆驼、和自卑迷茫的朋友一样，直至走完人生的全程，依然没有发现自己的天赋，没有发现自己的闪光点究竟在哪。而只有少数人，他们在不断的实践与探索中，逐渐总结出了自己的优势，扬长避短，将其充分地发挥出来，最终成就了一番惊人的事业。

提及沃伦·巴菲特，对于投资、股票略有研究的人一定会竖起大拇指——他简直就是一个传奇。是的，巴菲特头顶的光环，足以令这个世界上的所有人感到炫目——"股神""历史上最伟大的投资家"……

不过很少有人会知道，巴菲特早在童年时期，其才能表现与一般孩童毫无二致，性格内向的他、甚至在行动、反应速度方面还不如其他孩子，因此他常常成为小伙伴们嘲笑的对象。但巴菲特知道，自己拥有小伙伴们并不具备的优点——高度的耐心，对于数字与生俱来的敏感。

大学毕业以后,巴菲特从事过很多工作——法律顾问、销售代表、职业经理人,但受先天条件所限,他的成绩并不理想。27岁时,巴菲特通过多年探索,做出了一生最为明智的一次选择——结合自身优势——耐心、对于数字的敏感,转行做一名投资家。这次定位,使得巴菲特如鱼得水,在投资界的几十年,巴菲特依靠自己超人的耐性,始终坚守着三项原则——不贪婪、不跟风、不投机,坚定不移地在自己的职业道路上不断前进。

2006年,巴菲特正式向5个慈善基金会捐款375亿美元,这是美国乃至世界历史上,最大的一笔个人慈善捐款;2008年,巴菲特在《福布斯》排行榜上的排名,超过了比尔·盖茨,成为世界首富;2010年,巴菲特以净资产470亿美元,再次夺得《福布斯》排行榜"探花"之位,他因此被美国人称为"除了父亲以外最值得尊敬的男人"。

巴菲特本就是个普通人,他的成就完全得益于那次成功的转行。试想,倘若巴菲特一直在那些领域中浑浑噩噩地混日子,那么我们今天还能够目睹"股神"的风采吗?多数成功者之所以能够获得成功,就在于他们能够发现自己的长处,懂得扬长避短,以自己最擅长的事与别人的短处相较量。

那么,我们自己的优势又是什么呢?这要取决于一个人的性格秉性、才情天赋。其实,只要我们能够在日常的工作、生活中,不断地实践、总结,就不难发现自己身上的闪光点所在,而接下来我们要做的就是——结合自己的优势,选择一条适合自己的人生道路,在最擅长的领域,找到一个最理想的位置,然后以百分之百的热情与努力去实现自己的梦想。

多年前的一个傍晚,一位叫亨利的青年移民,站在河边发呆。这天是他30岁生日。可他不知道自己是否还有活下去的必要。因为亨利从小在福利院里长大,身材矮小,长相也不漂亮,讲话又带着浓厚的法国乡下口音,所以他一直很瞧不起自己,认为自己是一个既丑又笨的乡巴佬,连最普通的工作都不敢去应聘。他没有工作,也没有家。

就在亨利徘徊于生死之间的时候,与他一起在福利院长大的好朋友约翰兴冲冲地跑过来对他说:"亨利,告诉你一个好消息!"

"好消息从来就不属于我。"亨利一脸悲戚。

"不,我刚刚从收音机里听到一则消息,拿破仑曾经丢失了一个孙子。播音员描述的相貌特征，与你丝毫不差！”

“真的吗？我竟然是拿破仑的孙子？”亨利一下子精神大振。联想到爷爷曾经以矮小的身材指挥着千军万马，用带着泥土芳香的法语发出威严的命令，他顿感自己矮小的身材同样充满力量，讲话时的法国口音也带着几分高贵和威严。

第二天一大早，亨利便满怀自信地来到一家大公司应聘。

20年后，已成为这家大公司总裁的亨利，查证自己并非拿破仑的孙子，但这早已不重要了。

接纳自己，欣赏自己，将所有的自卑全都抛到九霄云外，这就是成功最重要的前提！戴埃将一个我们随处可以看到的现象写成一个寓言故事：

一只老猫见到一只小猫在追逐着自己的尾巴，便问道：“你为什么要追逐着自己的尾巴呢？”小猫说：“我听说，对一个猫来说，最为美好的就是自己的幸福，而这个幸福就是自己的尾巴。”老猫说：“我小时候也像你这样想过，但我现在已经发现，每当我追逐自己的尾巴时，它总是一躲再躲，而当我着手做自己的事情时，它总是形影不离地伴随着我。”

这段寓言故事在阐述这样一个道理：心中没有渴望等待别人欣赏的初衷，你就会消除很多的自我桎梏，舒展自己的个性，发挥自我行为的主动性，赢得不应该失去的机会，从而得到别人更多的欣赏与赞誉。

生命的精彩是需要得到别人的赞许，但精彩的生命不是仅仅为了刻意的让别人赞许——别忘了，欣赏自己生命的还有我们自己。只有会欣赏自己的人，才是心灵舒展的人，才是社会认可的人，才是可以承载生命重担的人。只有这样的人，才是快乐的人！只有，当你学会欣赏自己时，你才有机会变成人生的赢家。

我行，一定行

伟大出自于平凡，我们多一分信心，离成就完美人生就更近一步，不要老让自己泄气，其实那些成就大事的人，就是一些拥有坚强信念的普通人罢了。

有一个女孩,高中毕业后,没考上大学,被安排在当地的一所学校教初中。结果,上课还不到一周,由于解不出一道数学题,被学生轰下讲台,灰头土脸地回了家。母亲为她擦了擦眼泪,安慰说,满肚子的东西,有的人倒不出来,有的人倒得出来,没必要为这个伤心,找找别的事,也许有更合适的事情等着你去做呢。

后来,女孩随本村的伙伴一起出外打工。糟糕的是,没几天她又被老板赶了出来,原因是裁剪衣服的时候太慢了,别人一天可以裁制出六七件来,而她仅能做出两件来,而且质量也不过关。母亲对女儿说,手脚总是有快有慢的,别人已经干了许多年了,而你初来乍到,怎么快得了。说完,便为女儿打点行装,准备让她到另一个地方试试。

女儿先后到过几家工厂、公司,当过编织工,干过营销,做过会计,但无一例外,时间不长都半途而止了。然而,每当女儿失败后满脸沮丧地回家的时候,母亲总是安慰她,从来没有说过抱怨的话。

一个偶然的机会,女孩受聘于一所聋哑学校当辅导员,这一次她如鱼得水。几年下来,凭着学哑语的天赋和一颗爱心与学生建立了良好的互动关系,深受学生们的爱戴。后来,她自己申请开办了一家残障学校;再后来,她在许多城市又开办了残障人用品连锁店。如今她已经是一位爱心和资产一样都不少的女老板。

有一天,功成名就的女儿凑到已经年迈的母亲面前,她想得到一个一直以来很想知道的答案。那就是,那些年她连连失败,自己都觉得前途渺茫的时候,是什么原因让母亲对她那么有信心呢?母亲的回答朴素而简单,她说:“一块地,不适合种麦子,可以试试种豆子,豆子也长不好的话,可以种瓜果,瓜果也不济的时候,撒上些荞麦种子一定能开花。因为一块地,总有一粒种子适合它,也终会有属于它的一片收成……”

人们从来不是被他人打败的,真正的敌人往往是他们自己。你要想成大事,就必须完全相信自己是有用之材。

美国第40任总统罗纳德·里根就是一个充满自信的人。在成为总统之前,他只是一位名气不大的演员,但他立志要当总统,并相信自己一定可以做到。

从22岁到54岁,里根一直是在演艺圈发展,对于从政完全是陌生的,更没有什么经验可谈,可以说是半路出家。但当机会来临时共和党内的保守派和一些富豪们竭力怂恿他竞选加州州长,里根毅然决定放弃花了大半辈子从事的原有职业,转而投入政坛。结果大家都很清楚,里根连任了两届美国总统。

反之,消极的心态则会毁掉所有成功的可能性,甚至如果继续让消极的人生观“驻足”在你身上,它的破坏力最后将“侵蚀”你的健康。相关的一项调查表明,在所有病人当中,将近75%的病人患有不同程度的忧郁症。这是一种不正常的心态,会引发无谓的烦恼。忧郁症是所有不正常症状的开端。简单来说,忧郁症患者就是指,一个人由于身上背负着沉重且无谓的压力,一旦压力摧毁了自信,他便相信自己正患上某种想像中的疾病,其实,那不过是幻想的产物罢了。

每个人都有自己的某种才能,只是有些人怯于或者懒得去发现它,一个人如果不相信自己,就不可能挖掘自我潜能。相信自己是尊重自己的基础,尊重自己是心理健康的标志。相信自己的力量和才能,每个人都是能发出光芒的星辰,每个人都是一座金矿。

不管是什么人,只有你相信自己能行,你才会真的一定行。

昂首挺胸,走自己的路

林肯曾说过,你的态度决定了人生的高度。你的立场,决定了你的成败。外物充满了诱惑,只有坚持自我正确的立场,方能开拓一方属于自己的天地。

别人的意见我们固然要适当地听取,但是我们不能因他人意见而失去了自我,我们更不能人云亦云,做别人意见的傀儡,否则你不但会在左右摇摆不知所往中身心疲惫,失去许多可贵的成功机会,有时还会失去自己。做自己认为对的事,成自己想成的人,无论成败与否,你都会获得一种无与伦比的成就感和自我归属感。正如但丁的那句豪言:走自己的路,让别人说去吧!在自己选定的道路上,昂首挺胸,自信自立。

布鲁诺是意大利文艺复兴时期伟大的思想家、自然科学家、哲学家和文学家。他勇敢地捍卫和发展了哥白尼的太阳中心说,并把它传遍欧洲,被世人誉为是反教会、反经院哲学的无畏战士,是捍卫真理的殉道者。

他对经院哲学家们所宣传的教义持否定态度,写了一些批判《圣经》的论文,并从日常行为上表现出对基督教圣徒的厌恶。布鲁诺的言行触怒了教廷,他被革除教籍。宗教裁判所指控他是“异端”。但布鲁诺依然坚持自己的观点,毫不动摇。

布鲁诺在欧洲广泛宣传他的新宇宙观,反对经院哲学,进一步引起了罗马宗教裁判所的恐惧和仇恨。1592 年,罗马教徒将他诱骗回国,并逮捕了他。刽子手们用尽种种刑罚仍无法令布鲁诺屈服。他说:“高加索的冰川,也不会冷却我心头的火焰,即使像塞尔维特那样被烧死也不反悔。”他还说:“为真理而斗争是人生最大的乐趣。”经过 8 年的残酷折磨后,布鲁诺被处以火刑。1600 年 2 月 17 日凌晨,罗马塔楼上的悲壮钟声划破夜空,传进千家万户。这是施行火刑的信号。通往鲜花广场的街道上站满了群众。布鲁诺被绑在广场中央的火刑柱上,他向围观的人们庄严的宣布:“黑暗即将过去,黎明即将来临,真理终将战胜邪恶!”最后,他高呼:“火,不能征服我,未来的世界会了解我,会知道我的价值。”

正是由于布鲁诺坚持走自己的路,他才在人类追求科学的历史上留下美名,为人类不懈地追求科学提供强大的精神动力。

不应过分在意别人的观点,一个重要原因是,别人众多,而你只有一个,如果处处照顾别人的看法,必将无所适从。所以我们必须洒脱一些,勇敢地走自己的路。

在社会生活中,有卓见者总是少数,孤独寂寞、不被理解是很自然的事情,尤其在时局应当有所革新的时候,如果过分看重众人的意见,那就什么事情也做不成了。

1854 年,惠特曼的《草叶集》问世了。这本诗集热情奔放,冲破了传统格律的束缚,用新的形式表达了民主思想和对种族、民族和社会压迫的强烈抗议。它对美国和欧洲诗歌的发展起了巨大的影响。

《草叶集》受到爱默生这样很有声誉的作家的褒扬,使得一些本来把它评价得一无是处的报刊马上换了口气,温和了起来。但是惠特曼那创新的写法、不押韵的格式、新颖的思想内容,并非那么容易被大众所接受,他的《草叶集》

并未因爱默生的赞扬而畅销。然而,惠特曼却从中增添了信心和勇气。1855年底,他印起了第二版,在这版中他又加进了20首新诗。

1860年,当惠特曼决定印行第三版《草叶集》,并将补进些新作时,爱默生竭力劝阻惠特曼取消其中几首刻画"性"的诗歌,否则第三版将不会畅销。惠特曼却不以为然地对爱默生说:"那么删后还会是这么好的书么?"爱默生反驳说:"我没说'还'是本好书,我说删了就是本好书!"执着的惠特曼仍是不肯让步,他对爱默生表示:"在我灵魂深处,我的意念是不服从任何的束缚,而是走自己的路。《草叶集》是不会被删改的,任由它自己繁荣和枯萎吧!"他又说:"世上最脏的书就是被删灭过的书,删减意味着道歉、投降……"

第三版《草叶集》出版并获得了巨大的成功。不久,它便跨越了国界,传到英格兰,传到世界许多地方。

爱默生说过:"偏见常常扼杀很有希望的幼苗。"为了避免自己被"扼杀",只要看准了,就要充满自信,敢于坚持走自己的路。

坚持走自己的路,生活就是这样过来的,都是在别人不同的褒奖中一步步走过来的。好话也好,坏话也好,都要听得进去,只要我们自己认真做事,踏踏实实做人,错了再改正过来,即使别人在背后嘲笑我们,鄙视我们也没关系,就让他们说去吧。我们只管走我们自己觉得正确的道路。

好多时候别人往往都是错误的,而真理就握在自己手中。这种时候,如果过分在意别人的看法,不能坚持原则、贯彻始终,必将在环境的压力下随波逐流,丧失自我,最终毁坏自己的事业和人生。

作家鲁迅说:"世界上本没有路,走的人多了,也便成了路。"爱迪生一生有几千种发明,而爱迪生在他的发明生涯中,并不是一帆风顺的,在这期间,他也同样受到过别人的讥讽与辱骂,但是他顶住了,他坚持走自己的路,结果成功了。

坚持自我,找回那个最有特色的自己,做自己的自己,人的一生不必那么的委曲求全。只要一个人做好应该做的事情,就值得称赞,在每干完一件事情的时候都能使自己无愧于人,都知道自己能够做什么,就可以义无反顾地去实现自己的目标,而不用在乎别人的眼光和看法。勇敢的心不会惧怕孤独,心灵的充实更胜过虚假的繁荣,不要给自己留下遗憾。

走自己的路,并不是一种自我封闭,固步自封,它也需要善意的忠告和劝告。面对他人的劝说我们要有清晰的判断力,什么意见是可取的,什么意见是不必理会的。采纳适合自己发展的建议正是有主见,坚持自我的表现。只有走自己的路,才能创造属于自己的辉煌。

即使卑微也要绽放

在这个世界上没有谁的生命一定是卑微的,只要你的心中是坚定的信心与追逐,即便你拥有残缺与不足的身体也同样可以绽放出最美的生命。自卑能给予我们的只有无尽的苦痛,只有够直面自卑的人才有资格拥有辉煌的人生。

1983年的一天,在美国亚利桑那州图森市的一家医院,一个女婴呱呱坠地,令她的父母异常惊愕的是,女婴居然一出生就没有双臂,连见多识广的医生也无法解释这个奇怪的现象。

在父母的疼爱下,女婴一天天地长大,成为一个可爱的小女孩儿。

那天,站在阳台上的女孩儿,看到与自己同龄的一群孩子正张开天使般的双臂,在阳光下欢快地奔跑着追逐翩翩起舞的蝴蝶,女孩儿十分伤感地向母亲哭诉命运的不公,竟然不肯馈赠她拥抱世界的双臂。

母亲平静地安慰她:"孩子,上帝的确有些偏心,但上帝是要送给你更多的梦想,要让你用行动去告诉人们——即使没有翅膀,也可以高高地飞翔,就像没有修长的十指,你同样可以弹出美妙的琴声,可以写出漂亮的文章……"

"我真的能做到那些吗?"女孩儿仰起头来。

"只要你肯努力,就能做得到,只要你的梦想没有折断翅膀,你就一定能飞得很高很高。"母亲温柔的目光里充满了不容置疑的坚定。

女孩儿相信了慈爱的母亲的话,目光一遍遍地抚摸着自己那双看似普通的脚,心中暗暗地告诉自己:我有一双非凡的脚,不只是用来奔走的,还是用来飞翔的。

此后,在父母的指导帮助下,女孩儿开始有计划地锻炼自己双脚的柔韧性、灵活度和力量。怀揣梦想的她,克服了人们难以想象的困难,经历了谁都无法数清的失败,终于在人们的惊讶中,练出了一双异常自由灵活的脚——她不仅可以用双脚吃饭、穿衣,轻松地实现生活的自理,还学会了用脚弹琴、写字、操作电脑……她用双脚做到了几乎是常人所能做到的一切。

女孩儿开始在人们面前自豪地展示自己非同寻常的“脚功”,起初遇到的那些异样的眼光里,渐渐地充满了钦佩。在她14岁那年,女孩儿彻底地扔掉了那副装饰性的假肢,一脸阳光地穿着无袖的上衣,走进校园、商场、街区……仿佛自己根本就不缺少什么,除了常人那样的一双臂膀。

女孩儿在继续着创造奇迹的脚步,她读书刻苦,作业写得总是一丝不苟,从小学到中学,她的学习成绩始终名列前茅,老师和同学们都十分敬佩她的坚毅和自强。当她拿到亚利桑那大学的心理学专业的学士学位证书时,一家人幸福地拥抱在一起。父亲自豪地鼓励她:“孩子,你还可以做得更棒!”

“是的,我还可以做得更棒!”女孩儿自信地笑着。

为了增强腿部肌肉的力量,保持腿部的灵活性与韧性,女孩儿不仅坚持经常性的跑步,还成为碧波荡漾的泳池里的一条自由穿梭的美人鱼,还成了一家跆拳道馆里小有名气的高手……一位医生曾指着给她拍的X光照片,惊奇地喟叹:经过锻炼,她的双脚已变得异常敏捷,她的脚趾关节已像手指关节一样灵活自如。

女孩儿的梦想还在不停地放飞着,她又走进了汽车驾驶学校。在教练员惊讶的关注中,她很快便掌握了驾车的各项技术,通过了近乎苛刻的各项考试,顺利地拿到了驾照,开始用双脚娴熟地驾车御风而行……

接下来,女孩儿要去圆自己心中埋藏已久的梦想了——她要亲自驾驶飞机,拥抱苍穹。

曾经培养出许多飞行员的著名教练帕里什·特拉威克一看到亲自驾车来报名的女孩儿,就知道她一定会飞上蓝天的,就像一只矫健的雄鹰那样,不仅仅因为她那娴熟的驾车技术,还因为她目光中流露出的从容、淡定与果决。

果然,女孩儿在学习飞机驾驶的时候,丝毫不逊色于那些身体健全的飞行员,她一只脚操纵着控制板,另一只脚操纵着驾驶杆,滑行、拉起、升空……她冷静、沉着,每一个动作都十分准确、到位,比不少学员表现得都出色。教练帕里什·特拉威克后来回忆说:“事实证明,她是一个优秀的飞行员,她驾驶飞机时非常冷静和稳定。一旦你和她在一起呆上20分钟,你甚至就会忘掉她没有双臂的事实。她向人们展示,人可以克服所有的限制,她真是太令人难以置信了。”

25岁的女孩儿如愿地拿到了轻型运动飞机的私人驾照,成为美国历史上第一个只用双脚驾驶飞机的合法飞行员,开创了飞行史的先例。女孩儿的名字叫作杰西卡·考克斯。

如今,杰西卡·考克斯已是美国家喻户晓的英雄,她靠双脚生活和奋斗的感人故事,给世人带来了巨大的心灵震撼和精神鼓舞。

从没有双臂的残疾人到一位家喻户晓的英雄,杰西卡受过一次次的劣势考验,可是她没有怨天尤人,更没有自暴自弃,而是始终积极地把握住自己的命运,始终乐观地利用劣势,完成了人生的一次次跨越,成为美国历史上一位值得骄傲的残疾英雄。苦难不能让卑微在她的心中安家,她不青睐任何一道自卑的阴影。

他是一个地道的农民,年少时因为家贫而辍学,一年夏天,在晒谷场上,他收听到世界三大男高音演唱会,从小嗓音嘹亮的他觉得自己也可以唱歌,就开始以此为人生目标。

12 年来,他以一个农民的身份,学会了"天书般"的 4 首意大利歌剧选曲、1 首西班牙歌剧选曲。在北京,他通过了《中国达人秀》的海选,他就是被誉为"农民歌唱家""歌剧达人"的徐宏东。

他是一个挖煤工,为了生存,下井做矿工,冒着生命危险挣钱养活家人,在矿上举行的职工卡拉 OK 大赛,他以一首摇滚版的《家在东北》赢得了二等奖,他就是被工友们亲切地称为"摇滚矿工"的王刚。

23 岁的王刚对自己说:"虽然我是矿工,但我永远也不会改变摇滚精神。什么是摇滚精神?不迎合,有思想,还有一点责任。"他对别人说:"你们可以说我是挖煤的,但不可以说我是臭挖煤的。因为我还有梦想。"

人生是一条单行线,我们或许不能左右自己的命运,但可以留出心灵独舞的空间。我们的双脚可以在泥泞的路上行走,但我们的灵魂却要在天空中翱翔。再卑微的生命也要绽放,也要穿越苦难的风雨,让自卑无处遁形。卑微不是自卑的借口,不管你是谁都有资格拥有生命的壮丽和辉煌。

自信面前,没有不可能

生活中,许多人总是觉得这也不可能,那也不可能,不敢大胆尝试。结果岁月蹉跎而过,留下的只是后悔遗憾。世界上的每个人都有不平凡的资本,之所以不能做到，皆是因为失去了原有的自信。

如果你在思想上总是觉得某些事你做不到，你自然不会付诸行动，你也就不会有什么好结果。你不在主观上去梦想成功，你永远不可能成功。在现实生活中，当一件事被认为是不可能时，我们就会为不可能找到许多理由，例如：我的智商没有别人高，我吃不了苦，我没有经商天赋和管理经验，我不是那块料……从而使这一个个自以为是的不可能显得理所当然，我们也就当然不会再采取积极有效的行动，最终的结果肯定是这件事真的成了不可能了。正是这些“不可能”的思想枷锁捆绑了你的自信，更阻碍了你的成功。

福特汽车公司的创始人亨利·福特决定生产V-8型引擎。这是一个创造性的想法，在当时，连底特律最杰出的工程师都认为这是不可能的——要将8只汽缸铸成一个整体，这怎么可能呢？但亨利·福特下决心无论如何也要生产这种引擎。他对那群一筹莫展的工程师们说：“只要去做，没有什么是不可能的。”

一年很快就过去了，工程师们几乎试了所有办法，就是无法攻破技术难关。他们找到福特再一次强调这事根本不可能实现。但福特并没有灰心，他命令工程师们继续去做。

终于，奇迹出现了，他们找到了诀窍，最终设计出了V-8型引擎。

只要你敢想，一切皆有可能。一切皆有可能的含义至少包含三个方面的内容：第一，要相信你自己，不要自卑，没有你做不了的，只有你不敢做的，相信自己可以成为最强大的一类；第二，不要藐视他人，可能有一天他也会站在高处这样看你；第三，不要不相信不可能发生的事，这世界既有必然也会有偶然的情况。

在飞机发明之前，科学家认为飞行是不可能的；在麻醉药发明之前，医生坚信无痛手术是不可能的；在原子弹发明之前，科学家也都相信原子是不可能分裂的，原子弹的构想根本是无稽之谈。蒸汽机发明之前，就有人数落富尔顿：“你有没有搞错，先生？你要在甲板下生起一团火，让船能够乘风破浪地航行？”但结果呢？富尔顿不但实现了目标，还因此发明了蒸汽机。

其实,一个人的潜力是无法预测的。“能”还是“不能”完全取决于你的信念,你有“能”的信念,你就会坚持做下去,克服一切“不能”的困难,最终达到胜利的彼岸。在现实生活中,经常会听到有人告诉我们“你是做不到的”,而我们往往信以为真。这些声音可能源于你的父母、师长的谆谆告诫,也可能是你比较接近的同事、朋友,甚至你自己。当他们告诉我们要“实际一点”的时候,他们也许是没有恶意,有的甚至有可能是发自内心的善意,但是他们的话常常会引发我们内心的恐惧与不安,使我们害怕尝试冒险,自我设限,生活也变得千篇一律、原地踏步。

1493 年,哥伦布发现了“新大陆”后从海上回到西班牙,成了西班牙人心目中的英雄。国王和王后把他待作上宾,封他做海军上将。并且经常请他参加宴会,有些贵族却瞧不起他,在一次宴会上,他们鼻子一哼:“这有什么稀罕!只要驾了船一直往西去,谁都会碰上那块陆地的。”哥伦布低着头默不作声,他从盘子里拿起一个鸡蛋,站起身来,提出一个古怪的问题:“太太们,先生们,有谁能把这个鸡蛋竖起来吗?”

鸡蛋从这个人手上传到那个人手上,所有的人都试了试,都把鸡蛋扶直了,可是一放手,鸡蛋立刻倒下了。最后,鸡蛋回到了哥伦布的手上。大厅里鸦雀无声,大家的眼光集中在他手上,都要看看他怎么能把鸡蛋竖起来。

哥伦布不慌不忙,把鸡蛋的一头在桌子上轻轻一敲,磕破了一点儿壳,鸡蛋就稳稳地直立在桌子上了。

“这有什么稀罕?”宾客哄堂大笑起来。

“本来没有什么稀罕,”哥伦布说,“可是太太们,先生们,你们为什么不这样做呢?”

这个故事告诉我们:所有的事情都是可能的,只是我们暂时还没有找到方法而已。只要掌握了一定的技巧和方法,就会事半功倍,成功其实很容易。一切不可能都是自己的思维在作怪,自己不肯动脑,单凭生活经验说“不可能”。

假如一个人把“不可能”作为自己的口头禅,那么他的思维就注定要被“不可能”的框框所局限。这也不可能,那也不可能,这必将注定他一生碌碌无为。

事实上,“不可能”并不是真理,你做不到不代表别人做不到,你认为你做不到也不代表你实际做不到。你不去尝试,没有人能肯定地说“不可能”。几乎每一个伟大的构想在开始的时候，没有几个人能想到它真的可行。“一切皆有可能、成功来自拼搏”的信念，相信一切都可以美梦成真，一定会越来越好越飞越高。

他是黑人，出生于纽约布鲁克林贫民区。他从小就在贫穷与歧视中度过，对于未来，他看不到什么希望。

13 岁那一年，有一天，父亲突然递给他一件旧衣服：“这件衣服能值多少钱?”“大概一美元。”他回答。“你能将它卖到两美元吗?”父亲用探询的目光看着他。“傻子才会买！”他赌气地说。

父亲的目光真诚又透着渴求：“你为什么不试一试呢?要是你把它卖掉了，也算帮了我和你的妈妈。”

他这才点了点头：“我可以试一试，但是不一定能卖掉。”

他很小心地把衣服洗干净，第二天就带着这件衣服来到一个人流密集的地铁站。经过六个多小时的叫卖，他终于卖出了这件衣服。

他紧紧攥着两美元，奔回了家。此后，每天他都热衷于从垃圾堆里淘出旧衣服，打理好后，去闹市里卖。

如此过了十多天，父亲突然又递给他一件旧衣服：“你想想，这件衣服怎样才能卖到 20 美元?”“怎么可能?这么一件旧衣服怎么能卖到 20 美元，它至多只值两美元。”

“你为什么不试一试呢?”父亲启发他，“好好想想，总会有办法的。”

终于，他想到了一个好办法。他请学画画的表哥在衣服上画了一只可爱的唐老鸭与一只顽皮的米老鼠。他选择在一个贵族子弟学校的门口叫卖。不一会儿，一个开车接少爷放学的管家为他的小少爷买下了这件衣服。那个十来岁的孩子十分喜爱衣服上的图案，一高兴，还给了他 5 美元的小费。

回到家后，父亲又递给他一件旧衣服：“你能把它卖 200 美元吗?”

这一回，他没有犹疑，沉静地接过了衣服，开始思索。

两个月后，机会终于来了。当红电影《霹雳娇娃》的女主演拉佛西来到了纽约。记者招待会结束后，他猛地推开身边的保安，扑到了拉佛西身边，举着旧衣服请她签名。拉佛西先是一愣，但是马上就笑了。

拉佛西流畅地签完名。他笑着说：“拉佛西女士，我能把这件衣服卖掉吗？”“当然，这是你的衣服，怎么处理完全是你的自由！”

他“哈”的一声欢呼起来:“拉佛西小姐亲笔签名的运动衫,售价200美元!”经过现场竞价,一名石油商人以1200美元的高价买下了这件运动衫。

回到家里,一家人陷入了狂欢。父亲感动得泪水横流,不断地亲吻着他的额头:“孩子,从卖这三件衣服中,你明白什么了吗?”

“我明白了,您是在启发我,”他感动地说,“只要开动脑筋,办法总是会有的。”

父亲点了点头,又摇了摇头:“你说得不错,但这不是我的初衷。我只是想告诉你,一件只值一美元的旧衣服都有办法高贵起来,何况我们这些活生生的人呢?我们有什么理由对生活丧失信心呢?我们只不过黑一点儿、穷一点儿,可这又有什么关系?”

从此,他开始努力学习,刻苦锻炼!20年后,他的名字传遍了世界的每一个角落,他就是迈克尔·乔丹!

心理学上有一个概念:意焦,即注意的焦点。如果一个人将意焦集中在“不可能”上,他必将固步自封,不为成功找方法,而只会为证明自己所谓的“不可能”结论是正确的找理由、找借口。一旦关闭“可能”的大门,也许就真的“不可能”了。相反,如果我们的意焦集中在“可能”上,显而易见,接下来我们必定是在“找方法”,而不会是“找借口”。成功学告诉我们,失败一定有原因,成功一定有方法。只要方法找对了,成功并不难。

在现实生活中,尤其是面对人生抉择或面对困难挫折时,我们要调整好自己注意的焦点,把“不可能”这个消极的词眼从我们的“私人词典”中永远删除。

信念是成功的前提,如果你不相信一切皆有可能,你怎么会去实践呢?当然,只做到相信这一步还远远不够的,更重要的一点是需要自己去拼搏、实践,去坚持到底,直到胜利的那一刻。如果没有执行,再美的梦想都将是空谈。不经一番寒彻骨,怎得梅花扑鼻香。成在行动,贵在拼搏,难在坚持,但还是要坚持。只要努力,一切皆有可能;相信自己,努力拼搏终能实现梦想赢得人生最亮眼的一手好牌。

第四章 出奇制胜破死局

人的命运蕴藏在思维中，思维的每一个跳动将暗示着事情的每一个进展。成为一个赢得人生的人其实并没有你想象中的那么难，改变你的是你的思想，突破便有可能成就你意想不到的卓越。

思维习惯决定输赢

所谓思维方式，简单地说，就是思考问题的方式方法。思维能力的大小与思维方式的正确与否，可以决定人的一生成功与否。它比知识更重要，有了好的思维方式与较强的思维能力，就可以将知识转化为智慧。

你拥有什么样的思维便注定你将会取得什么样的成就，一个人的思维习惯方式决定人的成败。

两个乡下人外出打工，一个打算去上海，一个打算去北京。可是在候车厅等车时，又都改变了主意，因为他们听邻座的人议论说，上海人精明，外地人问路都收费；北京人质朴，见吃不上饭的人，不仅给馒头，还送旧衣服。

去上海的人想："还是北京好，赚不到钱也饿不死，幸亏车还没到，不然真是掉进了火坑。"

去北京的人想："还是上海好，给人带路都挣钱，还有什么不能赚钱的呢？我幸好还没上车，不然就失去了一次致富的机会。"

于是他们在退票处相遇了。原来要去北京的人得到了去上海的票，要去上海的人得到了去北京的票。去北京的人发现，北京果然好，他初到北京的一个月，什么都没干，竟然没有饿着。不仅银行大厅的太空水可以白喝，而且商场里欢迎品尝的点心也可以白吃。

去上海的人发现，上海果然是一个可以发财的城市，干什么都可以赚钱，带路可以赚钱，开厕所可以赚钱，弄盆凉水让人洗脸也可以赚钱。只要想办法、花点力气就可以赚钱。

凭着乡下人对泥土的感情和认识，他从郊外装了10包含有沙子和树叶的土，以"花盆土"的名义，向不见泥土又爱花的上海人出售。当天他在城郊间往返6次，净赚了50元钱。

一年后，凭"花盆土"，他竟然在大上海拥有了一间小小的门面房。他在长年的走街串巷中，又有一个新发现：一些商店楼面亮丽而招牌较黑，一打听才知道是清洗公司只负责洗楼而不负责洗招牌的结果。他立即抓住这一空当，买了梯子、水桶和抹布，办起了一个小型清洗公司，专门负责清洗招牌。如今他的公司已有150多名员工，业务也由上海发展到了杭州和南京。

后来，他坐火车去北京考察清洗市场。在北京站，一个捡破烂的人把头伸进卧铺车厢，向他要一个啤酒瓶，就在递瓶时，两人都愣住了，因为5年前他们曾经交换过一次车票。

这个故事可以说是老生常谈，但我们不得不说，这个故事很有说服力，成功面前人人平等，但为什么就是有那么多人与成功无缘呢？其结果不过是思维的习惯方式造就的。

有两个和尚他们分别住在相邻的两座山上的庙里。这两座山之间有一条溪，于是这两个和尚每天都会在同一时间下山去溪边挑水，久而久之他们变成为了好朋友。就这样时间在每天挑水中不知不觉已经过了五年。突然有一天左边这座山的和尚没有下山挑水，右边那座山的和尚心想："他大概睡过头了。"便不以为意。哪知道第二天左边这座山的和尚还是没有下山挑水，第三天也一样。过了一个星期还是一样，直到过了一个月右边那座山的和尚终于受不了，他心想："我的朋友可能生病了，我要过去拜访他，看看能帮上什么忙。"于是他便爬上了左边这座山，去探望他的老朋友。等他到了左边这座山的庙，看到他的老友之后大吃一惊，因为他的老友正在庙前打太极拳，一点也不像一个月没喝水的人。他很好奇地问："你已经一个月没有下山挑水了，难道你可以不用喝水吗？"左边这座山的和尚说："来来来，我带你去看。"于是他带着右边那座山的和尚走到庙的后院，指着一口井说："这五年来，我每天做完功课后都会抽空挖这口井，即使有时很忙，能挖多少就算多少。如今终于让我挖出井水，我就不用再下山挑水，我可以有更多时间练我喜欢的太极拳。"

这个故事的道理很简单，它告诉我们思考方式决定你的成功，你可以固守成规，只是结果是出双倍的力气但还是过着悬殊的人生。

就看你怎么想

有一个人经常出差，经常买不到对号入坐的车票。可是无论长途短途，无论车上多挤，他总能找到座位。

他的办法其实很简单，就是耐心地一节车厢一节车厢找过去。这个办法听上去似乎并不高明，但很管用。每次，他都做好了从第一节车厢走到最后一节车厢的准备，可是每次他都用不着走到最后就会发现空位。他说，这是因为像他这样锲而不舍找座位的乘客实在不多。经常是在他落座的车厢里尚余若干座位，而在其他车厢的过道和车厢接头处，居然人满为患。他说，大多数乘客轻易就被一两节车厢拥挤的表面现象迷惑了，不大细想在数十次停靠之中，从火车十几个车门上上下下的流动中蕴藏着不少提供座位的机遇。即使想到了，他们也没有那一份寻找的耐心。眼前一方小小立足之地很容易让大多数人满足，为了一两个座位背负着行囊挤来挤去有些人也觉得不值。他们还担心万一找不到座位，回头连个好好站着的地方也没有了。与生活中一些安于现状、不思进取、害怕失败的人，永远只能滞留在没有成功的起点上一样，这些不愿主动找座位的乘客大多只能在上车时最初的落脚之处一直站到下车。

自信、执着、富有远见、勤于实践，会让你握有一张人生之旅永远的坐票。成功在于你的思想，有怎样的思想就拥有怎样的成败。

两个人都打算去买马。其中一个人选择了一匹红色的、很威武的马。另一个人选了一匹更温顺一点儿的马。他们每天都骑着马一起出门。

这天，他们来到了一个乡村，就在他们前进的路上，有一条大概八九英尺宽的壕沟。显然，那匹红色的马的勇气丝毫没有被动摇。当走到那条壕沟的跟前的时候，它用力向前一跃，因为内心充满了勇气，它很快做出反应并很容易地越过了壕沟。然而那匹温顺的马每当走到壕沟边缘的时候，都踯躅不前，它对沟的宽度不确定，它站在沟的边缘犹豫不决地颤抖着，因为对它而言距离是那么远。不久后的一天,当它站在壕沟前,发现它的同伴可以轻松地越过去的时候,它的内心发生了变化,它知道它也可以越过去,它敏捷、轻盈地越过了壕沟。

人生就像这两匹马，当我们遭遇困境时，或者一时难以判断情况的好坏时，或者当这些考验磨难如此之大我们没有把握是否能够克服时，我们就会像那匹温顺的马一样，站在沟的边缘犹豫不决地颤抖着。当我们依靠我们内心的勇气的时候,我们就可以轻松渡过难关。只要我们不再盯着困难,困难就不再那么难。只要我们拿出自己的勇气,我们内心的勇气会判断困难的大小,给我们跨越困难的力量。

是寻找自己内心的勇气，还是站在原处犹豫徘徊，完全取决于我们的选择,更由我们的思维方式来决定。

天生没有四肢的力克,只有五指不全的小小脚,但力克的父母是虔诚的基督徒,透过信仰克服了恐惧和担忧,更成为力克成长的关键角色。天生没有四肢的力克,曾在澳洲、美洲、加拿大、中国、台湾、香港、新加坡、南非、哥伦比亚、印度等25个国家及地区分享自己的经历,虽然他没有拥有健全的四肢,但他认为拥有一个健全的心灵、来自信仰的力量比什么都更重要，他选择接受自己拥有的一切。

他的演说激励了无数的生命，让听众知道上帝创造我们每一个人都有着美好的旨意,而且即使我们的生命有诸多限制,但“靠着那股力量,凡事都能做”。

力克在演说中表示，盼望能找到神为他预备的妻子，如今他的美梦实现了,对很多粉丝来说这是一个很大的鼓舞,也是情人节前夕一份独特的礼物。

在艰辛的日子,坚持面对是很困难的,但如果经常埋怨失去什么,你便会忘记自己所拥有的。生于澳洲的力克虽然先天残障,没有双手,却可以拥抱数以万计听众;没有双脚,行踪却可以遍布25个国家。他在香港出席两场布道会，向四万名观众打气及示范如何没有双脚跌得低也能爬得起，感动了无数观众的心灵。当观众得悉这名25岁的残障年轻人原来不但拥有财务规划及会计两个大学学位,还懂骑马、游泳、驾车时,不少人都流露出惊讶的神情。

在台上的他说话时双眼充满神采:“若神没有赐你一个想要的神迹，其实是想要你成为别人的神迹。”

“在8岁的时候，我以为自己不能结婚、不能工作，即使结婚了，甚至连妻子的手都牵不到！”穿上蓝色衬衫、黑色西装，力克用有限的腿部肌肉撑起身子，面向在场2万名观众说，天生的缺陷令他思考很多问题：“我一直问神，为何我会这样？是我父母做错了？还是医生出错了？每天也不知道明天会怎样，原来在生命里，最大的障碍是源自恐惧。”

他渐渐学懂了欣赏自己的身体，即使他人初次见到他时感到恐惧，他仍学懂笑着面对，更不时戏弄别人。他曾试着在沙滩玩，大腿肌肉陷在沙里，小女孩误以为他挖沙花了很长时间故意了埋着双腿，表示羡慕，结果他趁小女孩离去时站直身子捉弄她：“她立刻吓得大叫！”现场笑声立刻此起彼伏。

他说罢露出左边一小节大腿肌肉说：“看，平日靠这条‘小鸡槌’，我便可以走、可以跑，甚至可以游水。”虽然他平日以轮椅代步，但仍可靠仅余的两根脚趾运动，一个无四肢的人竟然可以做到超乎正常人所做的事情。

任何事情都没有想象中的那么困难，成功也是一样，之所以没有迈向成功之路不过是因为你打不破思维方式形成的惯性思维，一个人最终是否能够走向成功就要看你怎么想。

突破惯性思维，寻找新战略

左右一个人成功的最关键因素是思维模式，而不在于智商的差异。一个具有良好思维力的人才能成长为真正的成功者，而不具备基本思维力的人，则可能永远没有出头的机会。因为思维和观念才是控制成功的核心密码。所以，要把培养一个人的思维创新能力作为受益终生的头等大事。

一家酒店经营得很好，人气旺盛、财源广进。酒店的老总准备开展另外一项业务，由于没有太多的精力管理这家酒店，打算在现有的三个部门经理中物色一位总经理。

老总问第一位部门经理：“是先有鸡还是先有蛋？”

第一位部门经理不加思索地答道：“先有鸡。”

老总接着问第二位部门经理：“是先有鸡还是先有蛋？”

第二位部门经理胸有成竹地答道："先有蛋。"

这时，老总向最后一位部门经理说道："你来说说，是先有鸡还是先有蛋？"

第三位部门经理认真地答道："客人先点鸡，就先有鸡；客人先点蛋，就先有蛋。"

老总笑了。他决定将第三位部门经理升任为这家酒店的总经理。

就事论事，往往很容易局限在一个小的圈子里，这就是常说的"惯性思维"。跳不出来时，就找不到处理事情的正确方法；相反，当我们换个角度跳出惯性思维的框框时，我们就走上了一条新路。

一只狗穿越萨哈拉沙漠死在了沙漠里，另一只健壮的狗见状不信邪，它背着足够在沙漠中喝的水也去穿越沙漠，结果它也死在了沙漠里。

又一只结实的狗惊讶了，它也不相信，于是它带上足够的干粮和水也去穿越这个该死的沙漠，但是它还是死在了沙漠里。所有的狗狗们纳闷了，这是为什么呢？

其实答案很简单，沙漠里没有树，也没有电线杆，狗就是被尿憋死的，只要有一根木桩狗就不会死了。这就是一则惯性思维的典型案例。

要想取得事业上的成功，就必须跳出惯性思维。只有这样，才能激发自己的创造力，找出解决问题的新思路。

一个教授向一群学生出了这么一道题：一个聋哑人到五金商店买钉子，先用左手作持钉状，捏着两只手放在柜台上，然后右手作捶打状。售货员先递过一把锤子，聋哑人摇了摇头，指了指作持钉状的两只手指这回售货员终于拿对了。这时候，又来了一位盲顾客……

"同学们，你们能否想象一下，盲人如何用最简单的方法买到一把剪子？"教授这样问他的学生。

有个学生举手回答："很简单，只要伸出两个手指，模仿剪刀剪布的模样就可以了。"这个学生答完，全班同学表示同意。

这时候，就听教授说："其实盲人只要开口说一声就行了。记住：一个人一旦进入思维的死角，智力就在常人之下。”

那位举手回答的同学就进入了思维定势的死角。他觉得聋哑人比划买到了钉子，他就在想，盲人怎样比划才能让服务员明白他要买什么。其实，聋哑人不能说话，要让人明白自己的意思只能比划；盲人只是看不见，会说话呀，会说话的人为什么非要让人家比划呢？

爱因斯坦：“提出一个问题，往往比解决一个问题更重要，因为解决问题也许仅仅是一个数学上或实验上的技能而已，而提出新的问题、新的可能性，从新的角度去看旧的问题，却需要有创造力和想象力。”这句名言表明，创新思维的实质就是突破自我、打破常规，毅然决然对惯性思维说“不”。

一位美国科学家在海洋馆里做了一个实验。他用玻璃板把一条具有攻击性的大鲨鱼和一条小鱼隔开。

刚开始，这条大鲨鱼不断撞击玻璃，企图捕食隔壁的小鱼。无奈，玻璃隔板太坚硬，无论怎么发威，玻璃隔板丝毫未损。攻击了一段时间之后，它便放弃了。

于是，科学家便把隔板悄悄地移开。意想不到的是，大鲨鱼再也没有攻击过小鱼。它们都温和地在各自的领域活动，互不侵犯。

鲨鱼的故事告诉我们，固化了的“经验”是很可怕的。

思维惯性实际上就是我们常说的思维定势，人一旦形成思维定势，就会习惯地顺着定势的思维思考问题，不愿也不会转个方向、换个角度想问题，这是人类的一种愚顽的“难治之症”。从两个实验我们可以知道，真理，或者说是解决问题的办法有时只是一层窗户纸，有时很简单，只要换个思维方式就可以捅破，但由于人们的习惯性思维，作茧自缚。当然，对于平凡人而言，要摆脱思维惯性，易说难做，但至少应该成为努力的方向。

打破思维定势

思维定势在很大程度上限制了个人的发展。改变思维，才能成就人生。所以，我们要突破过去的生活轨迹的束缚，要学会忘记过去，不要沉浸在经验里不能自拔；要打破旧的习惯与概念，把印象中应当做的、必须做的事先放一放；要勇于改变，尝试不同的路径；要相信自己，相信还有更多的路；要努力成为不同的人，与昨天不同，要超越，要行动。只有这样，我们才能从根本上改变人生的轨迹。

有一天阿凡提的马被人牵走了。阿凡提仔细询问了一下，觉得牵走马的人一定不会走远，于是他开始到处寻找，后来在一个邻居家里发现了被偷的马，但是邻居死不认账，说这是自己养的马。

阿凡提想了一下，用双手捂住了马的双眼问："既然这马是你的，那么，你能说出它的哪只眼睛是瞎的吗？"

邻居犹豫了下，回答说："是右眼有些问题。"阿凡提得意地把手从马的右眼拿开，马的右眼非常有神。

于是邻居接着说："啊，我弄错了，是左眼有问题。"这时候阿凡提把左手也移开，马的左眼也光亮亮的。

"天哪，我弄错了，马眼睛根本没有瞎。"

围观的人已经很清楚了，便要拉邻居去见官，治他罪。害怕的邻居，只好乖乖地交出马来。

突破思维定势，就可以从另一个角度获得解决问题的方法，从而使问题变得简单。

在美国部队里，曾经流传着一个关于"不拉马的士兵"的故事。

一位年轻有为的炮兵军官刚刚到任部队报道之后，便到下属部队参观炮团演习，演习中他发现一个班11个人，有一个人一直站在旁边一动不动，直到演习结束也是如此。

军官感到奇怪："这个人做什么的？为什么一动不动？"

大家回答说，作战教材就是这么安排的。

这位军官回去后查询了很多资料，才明白原来以前都是马拉大炮，炮声一响马就跑，一个士兵用来负责拉马。但是现在都已经机械拉炮了，自然没有必要安排人拉马。不过人们一直没有注意这个问题。

后来美国军方根据他的建议，重新编写了教材，节约了人力资源，提高了效率。

随着时间的推移和技术的进步，如果一味地沉浸在过去的老习惯和老传统里边，不能够与时俱进的思考问题，最终会被时代淘汰的；只有创新地看问题，突破原有的思维模式，从整体上进行思考，才能够避免这种现象的发生。

想要赢得人生的这场牌局，只有改变原有的习惯或者规则，才能有效地提高自身能力，从而在市场竞争的环境下无往不胜。

有一只老鼠，鼠药不吃，夹又夹不住，简直是一个老鼠精，晚上精力又特别旺盛，闹得人睡不好。没办法，这个人发现了它的活动规律，它是从窗子钻进来的，它咬烂纱窗钻进来，而且是天刚黑进来，天一亮就走。

有人建议：只要用一张纸将这洞糊上就行。

他照着做了，但心里一直不踏实。

天黑了，老鼠出现了。

面对聪明绝顶的老鼠，这一张薄纸能行吗？

可是，这只老鼠在窗外焦急地爬来爬去，就是进不来。其实，只要它用爪子一抓，或用头顶一下，纸就会破，可是，老鼠没有这样做，它只是习惯地用牙去咬，这光光的纸，它还真没处下口。

面对这么一张纸，这只聪明的老鼠竟然束手无策，实在奇怪。

后来，这只老鼠再也没进来，它被那张纸给挡住了。是思维定势害了这只聪明的老鼠。

人生中的许多事，实际上，我们常常面对的困难就如这只老鼠遇到的那张纸，只要转换一下思维方式，改变一下做事方式，许多问题便会迎刃而解。

魔术大师胡汀尼能在极短的时间内打开无论多么复杂的锁，从未失手。他曾为自己定下一个富有挑战性的目标：要在60分钟之内，从任何锁中挣脱出来，条件是让他穿着特制的衣服进去，并且没有人在旁边观看。

有一个英国小镇的居民，决定向伟大的胡汀尼挑战。他们特别打制了一个坚固的铁牢，配上一把看上去非常复杂的锁，请胡汀尼来看看能否从这里出去。

胡汀尼自信地接受了这个挑战。他穿上特制的衣服，走进铁牢中，小镇居民关上了牢门后，就都远远走开了。胡汀尼从衣服中取出自己特制的工具，开始工作。

很快，时间过了30分钟，胡汀尼没有打开锁。45分钟过去了，一个小时过去了，胡汀尼头上开始冒汗，他的耳朵紧贴着锁，紧张工作着。

两个小时过去了，胡汀尼始终听不到期待中的锁簧弹开的声音。他筋疲力尽地将身体往门上一靠，沮丧地坐在地上，结果牢门却顺势而开。原来，牢门根本没有上锁，那看似很厉害的锁只是个样子。

就这样，小镇居民成功地捉弄了这位逃生专家。

在很多时候，人们都会陷入固定思维，不知道脑筋急转弯。因此，尽管全身心地去解决问题，还是无法顺利地得到答案。此时，不妨来点儿脑筋急转弯，事情也许会迎刃而解。

张智以推销装帧图案为业。

最初，他在向一家大公司推销装帧图案时，几乎每个星期都要到这家公司跑一次，甚至几次，一跑就是一年多，结果一无所获。

这家公司的主管看过图案后，总是遗憾地告诉他："你的图案缺乏创新，对不起……"

张智说，他几乎没有勇气再登这家公司的大门了。

一个偶然的机会，他受一本心理学著作影响，决定换一种思维方式试试。

张智这次带着未完成的草图，再次叩开了这家公司的大门。见到主管，他恳切地说："先生，您看，我这里有一些未完成的草图，希望您能在百忙之中抽空给我指点一下，以便我能更好地把这些装帧图案修改完成。"

主管答应看一看。

几天以后，张智又去见那位主管，并根据他的意见，把装帧图案修改完成。最后，这批装帧图案全部推销给了这家公司。

张智又用同样的方法，成功地推销了许多装帧图案。

张智说："我现在明白了以前一直无法成功的原因，因为我强迫别人顺应自己的想法，现在不同了，我请他们提供意见，然后再根据他们的意见将图案修改完成，这样，他们对自己参与创造设计的装帧图案，自然就很满意了。"

是的，如果我们要想与别人合作，最好的办法不是去乞求别人的施舍，或是期盼别人接受，而是设法让别人参与到我们所干的事情中来。

古人云,欲取之,必先与之。如果我们能改变一下思维定式,反其道而行之,或许事情就好办多了!

有这样一道测试题:一位公安局长在茶馆里与一位老头下棋。正下到难分难解之时,跑来了一位小孩,小孩着急地对公安局长说:“你爸爸和我爸爸吵起来了。”

老头问:“这孩子是你的什么人?”

公安局长答道:“是我的儿子。”

请问:这两个吵架的人与公安局长是什么关系?

据说有人曾将这题对100人进行了测验,结果只有两人答对。你是不是已经从婚姻、抚养和血缘等角度开始推测他们之间的关系,感觉是不是很复杂?其实答案很简单:公安局长是女的,吵架的一个是她的丈夫即小孩的爸爸;另一个是她的爸爸即小孩的外公。为什么我们刚才把他们之间的关系想得很复杂呢?因为“公安局长”“茶馆”“与老头下棋”这些描述,使我们从以往的经验判断出发,为公安局长预先设定一个男性身份,这样就把简单的问题想的很复杂了。这种预先设定的心理状态和惯性的思维活动就是思维定势。人们根据以往的知识和经验积累,逐渐形成一种判断事物的思维习惯和固定倾向,从而形成“思维定势”。

卓越需要创新思维能力

一个王者必须要具备创新思维能力,然后借助这种能力,想要凌驾于他人之上,就要先学会驾驭好自己,管理好自己的思维。

从前,有三个人:艾伯、贝克和查理。他们住在一座岛上。这座小岛上的食物只有鱼。这些鱼全部属于同一种类,每一条鱼都很大,足够一个人吃一天。然而,这个地方很闭塞,人类先进的捕鱼技术这里一样都没有。他们能做的只有跳进水里,用手去抓鱼。

除了捕鱼,艾伯还想做几件更好、更时尚的棕榈叶衣服;他想要一个遮风挡雨的住所。但他每天净忙着捕鱼糊口,这些梦想又如何成真呢?

他的大脑飞快运转着,突然他想到了捕鱼器。有了这个新装置,他就能在较短的时间里捕到更多的鱼了!而那些余下的时间,他就可以用来做更好的衣服,建个住所。

艾伯决定给自己的捕鱼器取个名字,叫做“渔网”,然后开始找材料来织这张网。

第二天,贝克和查理注意到艾伯没有捕鱼,而是站在沙滩上用棕榈树皮搓绳子。“你干什么呢?”贝克问。

艾伯解释说:“我突然有个灵感,想做个捕鱼器。”

查理嘲笑着说:“要是你这捕鱼器不好使,可别哭着来跟我要鱼吃。”

艾伯没有被查理的话吓倒,仍然继续织网。到这一天结束时,艾伯终于织完了自己的渔网。艾伯拿着渔网朝海浪冲去,几分钟后,他就捕到了一条鱼。

贝克和查理不再笑了。在接下来的一小时里,艾伯又捕到了第二条鱼。两个伙伴惊叹不已。毕竟,他们通常一整天才能抓住一条鱼!

从这样一个简单的行动开始,这座小岛上的经济开始发生巨大的变化。艾伯提高了生产力,这对每个人而言都是好事。

艾伯说:“既然我一天捕到的鱼就可以吃两天,我可以利用隔天休息的时间做点别的事情。能做的事情太多啦!”

这个故事的寓意是不言而喻的。推而广之,想成功就需要有这样的创新思维来进行日常的自我管理。有时候,一个灵感甚至可以改变一个人的命运,使得即便手握坏牌的人也能反败为胜。

休·摩尔出生于美国堪萨斯州,到1907年进入哈佛大学之前,他还是一个与发明没有任何关系的普通学生。而他最终能发明纸杯,是由于他是发明家的弟弟。休·摩尔刚进大学时,比他大一岁的哥哥劳伦斯发明纯净水自动售卖机后,声名显赫。

但是,哥哥的发明出现了些问题,纯净水自动售卖机中使用的陶瓷杯易碎正是问题所在。为此,哥哥伤透了脑筋。起初,出于有新意而热卖的这种自动售卖机,渐渐地,人气大跌,最后以至于无人问津。看着因此而日益消沉的哥哥,休·摩尔自然想到了要帮哥哥解决问题。

“如果说陶瓷杯的缺点是易碎,那么使用不碎的杯子不就可以解决问题了吗？”

这个办法实在是简单。然而，这只是想起来容易，把想法变为现实的研究过程可不容易。

“不会碎的东西有什么呢？纸，对了，是纸。要是能把纸做成杯子就好了。又轻，又摔不碎……”

“但是纸被水浸透的话，也会烂掉的。烂掉的纸，怎么样才能让它不烂呢？”最后，他终于成功地找到了不易被水浸湿的纸。

休·摩尔在发明了不被水浸湿的纸杯之后离开了大学。哥哥所发明的纯净水自动售卖机又重新在各地设置，售卖机中的陶瓷杯也换成了自己所发明的纸杯。

休·摩尔发明的纸杯打出方便、安全的招牌，正式展开了销售。对于普通人来说，纸杯是卫生杯的形象开始被认识到。刚开始只有充满好奇心的少数消费者购买的纸杯，其消费层逐渐扩大。

就在这时，休·摩尔迎来了巨大的意外之喜。在民间保健研究所埋头于研究的克伦宾博士发表了有关研究结果，再次证明休·摩尔的纸杯是一个伟大的发明。

该研究强调，将人类从病毒中解救出来的方法只有一个，那就是使用一次性纸杯。之后，纸杯得到了巨大的好评，受到了人们的青睐。

平凡中处处孕育着创意，而只有那些拥有创意思维的人，才能发现和利用这些机会。拥有创新思维才能在平凡中改变人生的格局，打出一场漂亮的仗。

如果你把六只蜜蜂和同样多只苍蝇装进一个玻璃瓶中，然后将瓶子平放，让瓶底朝着窗户，会发生什么情况？

你会看到，蜜蜂不停地想在瓶底上找到出口，一直到它们力竭倒毙或饿死；而苍蝇则会在不到两分钟之内，穿过另一端的瓶颈逃逸一空——事实上，正是由于蜜蜂对光亮的喜爱，由于它们的智力，蜜蜂才灭亡了。

蜜蜂以为，囚室的出口必然在光线最明亮的地方；它们不停地重复着这种合乎逻辑的行动。对蜜蜂来说，玻璃是一种超自然的神秘之物，它们在自然界中从没遇到过这种突然不可穿透的大气层；而它们的智力越高，这种奇怪的障碍就越显得无法接受和不可理解。

那些愚蠢的苍蝇则对事物的逻辑毫不留意，全然不顾亮光的吸引，四下乱飞，结果误打误撞地碰上了好运气；这些头脑简单者总是在智者消亡的地方顺利得救。因此，苍蝇最终发现那个正中下怀的出口，并因此获得自由和新生。

我们应该意识到的最重要的事情，就是当每人都遵循规则时，创造力便会窒息。这里的规则也就是瓶中蜜蜂所坚守的“逻辑”，而坚守的结局是死亡。

如果你想成就非凡的人生，必须有全新的思维。这个世界变化太大，我们需要张开双臂，全身心地投入这一时代，学会用不同的方式思考问题，在这个充满变革的时代里，我们要加快速度前进。

只有努力创新，才会有前途，墨守成规或一味模仿他人，到最后一定会失败。

第五章 巧破压力之被动牌局

成长的过程中每个人都面临着不同的压力。压力让我们痛苦异常，甚至剥夺了我们对未来的希望。我们常常会去埋怨周围的竞争太过于激烈，却不知，如果没有压力，我们的人生一定是平平淡淡的，一帆风顺的人生也就失去了它的意义。正是这些压力，才更激发出我们无限潜能，成为我们挑战自己的最佳助力，从而让我们的人生更充实、更精彩。

想开是天堂，想不开是地狱

生活中压力总是无处不在，只要一个人想出成绩，想成就一番事业，就必然会受到来自各个方面的压力。很多人面对压力，由于没有得到很好的缓解和宣泄，因此对工作严重缺乏兴趣，感觉生活不再有任何意义和成就感。而且整个身体的状况和工作的表现都到了非常糟糕的地步，很多人都徘徊在工作重压、心理疾病、健康隐患交织的亚健康状态中。但是，一个懂得生活、懂得如何管理自己压力的人，不会让自己被压力击垮，更不会让自己陷入痛苦与不幸的泥沼中，而是将压力视为人生拼搏的动力，利用压力获取人生的幸福快乐。

在非洲的大草原上，每天早晨，羊睁开眼睛所想的第一件事就是：我必须比跑得最快的狮子还要快，否则我就会被狮子吃掉。而就在同一时刻，狮子从睡梦中醒来，首先闪现在脑海里的第一个念头就是：我必须比跑得最慢的羊还要跑得快，不然我就会被饿死。于是，几乎同时，羊和狮子一跃而起，迎着朝阳跑去……

不难说，那是个弱肉强食的时代，可是我们现在所处的社会不也是竞争激烈的时代吗？如果你不做好准备，时刻准备奔跑，那么你就会被淘汰，成为别人的美餐,压力就是动力。

一个公司,招一名员工,有三个人来应聘,有一个是博士,一个是硕士,还有一个是普通的大学生,一个偶然的机会,他们知道了老板的上班时间规律,于是他们都作了准备,想留个好印象,博士就准备了他的证书,硕士也准备了证书,还有一些客套话……他们都以为自己稳操胜券了,殊不知大学生的准备,是找了一些老板的创业之路和对公司的一些建议,还有老板的详细资料,后果就不用说了,正如一句老话,机会是给有准备的人的,大学生自然是被录取了,后来还当上了主管。

如果他感觉不到压力的话,那么他一定不会有所准备的,如果他感觉不到压力的话,那么他就一定不会成功。压力虽然有时也会让人崩溃,但聪明的人就会把压力变为动力的。压力无处不在,关键看你怎样对待它。

大文豪巴尔扎克出生在一个富商家庭。他的幼年便是在安逸和奢侈中度过的,随着年龄的增长和知识的积累,巴尔扎克越来越觉得这样无忧无虑、轻轻松松的生活会使他一生沉沦,无所作为。于是,他带着一腔热情,毅然脱离了家庭,硬是给自己施加各种压力。为了生存,他不得不去经商,但是失败了。他又不得不去写稿,赚取稿酬,以维持生活。在各种重压之下,他体会到了许许多多从未有的感受,写出了巨著《人间喜剧》。

人生一世,谁都希望能够活得快快乐乐、轻轻松松。西方有一句谚语说得好:“同是一件事,想开了是天堂,想不开是地狱。”人的压力多半是自己对自己的苛求、贪婪、攀比、自卑和没有明确的生活目标。在我们的生活中已经有太多灰色的日子,太多蒙尘的记忆,太多的悲伤、失望与痛苦。古人说:“境由心生。”一个人能不能快乐地生活不在于他受到多大的压力,而在于他怎样对待压力。也就是说人们拥有怎样的生活,完全取决于他怎样对待生活。

由此看来,压力还是我们生活中不可或缺的必需品。无论是否必需,我们毕竟每天都要面对压力,记住,只要我们用积极的心态,主动去面对压力,把压力看成朋友,与压力共舞,就能把平凡的日子变得富有情趣,就能把沉重的生活变得轻松活泼,就能把苦难的经历变得甜美珍贵,就能把烦琐的事项变得简单可行……

世界太大，生命太短。我们走在一个具有太多的欲望和太多的理论的人生路上。我们要学会面对压力，寻找幸福的方向，我们要坚信“车到山前必有路，船到桥头自然直”的信念，正确看待与管理自己的压力，克服挫折，化解压力，才能创造属于自己的快乐与幸福！激励人奋斗的，不是生命中的柔和事物，黯淡的逆境和冲突却使人渴望生存。玫瑰点缀的道路让怯懦者匍匐前进，勇敢的心却攀登着悬崖峭壁。

动力的源泉——压力

生命的前行过程中每个人都面临着不同的压力，但是不同的人对压力有着不同的感触。成功的人看待压力是作为前进的动力，大多失败者就没有这样对待它。有位智者曾说过这样一句话：“压力犹如弹簧，看你强不强，你强它就弱，你弱它就强。”

有两种豆芽：一种是直接种出来的，它又细又长又不好吃；另一种是在生长时压以重物，由于压力的原因，长出的豆芽又粗又壮，吃起来味道却很鲜美。植物如此，人类也不例外。生命的旅途中，若没有任何压力，终将一事无成，亦得不到别人的认可，人生的价值得不到体现。

一枚草籽不幸地飘落在一条石缝里，被一块巨石紧紧地压着。这儿本来是它不应该到的地方，这里与阳光隔绝，石缝里仅有一点点泥土，下雨时雨水也不曾洒向这里，偶尔水会从石面渗透下来几滴。但是，面对这恶劣环境的考验，小草籽不曾放弃，它坚守着一生要绽放自身青绿的信念，顽强地活着，当阳光偶尔反射到这里时，它尽情地舒展；当雨水滴落下来时，它尽情地吮吸。就这样它顽强地活了下来。最后，它终于从一瓣嫩芽长成了一棵翠绿的青草，颜色也比平常的小草青得可爱。就这样，小草终于从巨石下面钻出来，昂起了它高贵的头，实现了自己的梦想。

我们可以说：承受压力的小草籽，永远比花盆里的花草要茁壮。科学家曾做过这样一个试验：

把一只青蛙扔到盛满沸水的锅里，在顷刻的强烈刺激下，青蛙能够迅捷地跳出去，死里逃生。但是，当把青蛙放到常温水中，青蛙却在水里游得很自在。科学家于是点火慢慢煮，它竟丝毫也没有意识到潜在的危险。水越来越热，可青蛙已逐渐丧失了向外一跃的冲动，沉浸在惬意的游动中。等到真的发现危险来临时，已经无力逃脱了。

人其实也是这样。没有适当的压力和一种紧迫感，人就会丧失斗志，失去前进的动力。就像那只青蛙，危险已经临近，仍然浑然不知，最终坐以待毙。而有适当的压力则不同，不仅可以激发人的潜能，还可以求得更快的发展。

上帝在创造各种各样鱼的时候，为了让它们具有生存本领，就把它们的身体做成流线型，而且十分光滑，这样游动起来可以大大减少水的阻力。

待上帝把这些鱼放到大海中的时候，忽然想起一个问题：鱼的身体比重大于水，这样，鱼一旦停下来，它就会向海底沉下去，沉到一定深度，就会被水的压力压死。于是，上帝又给了它们一个法宝，那就是鱼鳔。鱼鳔是一个可以自己控制的气囊，鱼可以用增大或缩小气囊的办法来调节沉浮。这样，鱼在海里就轻松多了——有了气囊，它不但可以随意沉浮，还可以停在某地休息。鱼鳔对鱼来讲，实在是太有用了。

出乎上帝意料的是，鲨鱼没有前来安装鱼鳔。鲨鱼是个调皮的家伙，它一入海，便消失得无影无踪，上帝费了好大的劲儿也没有找到它。上帝想，这也许是天意吧。既然找不到鲨鱼，那么只好由它去吧。这对鲨鱼来讲实在太不公平了，它会由于缺少鳔而很快沦为海洋中的弱者，最后被淘汰。为此，上帝感到很悲伤。

亿万年之后，上帝想起自己放到海中的那群鱼来，他忽然想看看鱼们现在到底怎样了。他尤其想知道，没有鱼鳔的鲨鱼如今到底怎么样了，是否已经被别的鱼吃光了。

当上帝将海里的鱼家族都找来的时候，他已经分不清哪些是当初的大鱼小鱼、白鱼黑鱼了。因为，经过亿万年的变化，所有的鱼都变了模样，连当初的影子都找不到了。面对千姿百态、大大小小的鱼，上帝问："谁是当初的鲨鱼？"这时，一群威猛强壮、神气飞扬的鱼游上前来，它们就是海中的霸王——鲨鱼。

上帝十分惊讶，心想，这怎么可能呢？当初，只有鲨鱼没有鱼鳔，它要比别的鱼多承担多少压力和风险啊,可现在看来,鲨鱼无疑是鱼类中的佼佼者。

这到底是怎么回事呢?

鲨鱼说:“我们没有鱼鳔,就无时无刻不面对压力,因为没有鱼鳔,我们就一刻也不能停止游动,否则我们就会沉入海底,死无葬身之地。所以,亿万年来,我们从未停止过游动,没有停止过抗争,这就是我们的生存方式。”

鲨鱼没有鱼鳔才能够称霸海洋。可见,压力永远是前进的动力!很多人觉得自己压力太大,活得很累。但如果没有压力,也许情况会更糟糕。

“压力就是动力。”这条真理早在行动时就被灌输进我们的思维当中。当我们消极的时候,当我们对工作和生活感到厌烦的时候,我们会说:“给我点儿力量吧!这样我才会有前进的动力。”因为有压力,一个人才能够在闲适的生活中警醒人生的方向,正如古语说:“生于忧患,死于安乐。”平静安逸的生活会让一个人丧失斗志,磨平锐气。因为有压力,虽有痛苦、挣扎,但同时,一个人也得到了磨炼、反省、升华,会获得前所未有的能量,这种能量是一种把外界的困苦转化为自己生命的反张力。

在科学实验中,在很多同时生长的小南瓜上加砝码,不同的南瓜压不同的重量,只有一个南瓜压得最多,从一天几克到几十克、几千克,这个南瓜成熟的时候,上面已经压了几百斤的重量。最后,把所有的南瓜放在一起,大家试着一刀剖下去,看质地有什么不同,当别的南瓜都随着手起刀落噗噗地打开时,这个南瓜却把刀弹开了,把斧子也弹开了,最后,这个南瓜是被电锯吱吱嘎嘎锯开的,它的果肉强度已经相当于一株成年的树干。

这便是一个生命在面对压力时所生发出的巨大能量。这种压力,无处不在。很多历史名人所取得的成就,都与早年承受了很大的压力是有关系的,压力实际上会给人创造更好的成长机会和挑战。

架起通往“全胜”的桥梁

每一个人都希望成功,都渴求人生这局牌打得酣畅淋漓、精彩漂亮,在面临压力时,许多人都会退避三舍,去寻找另一个“胜利”的渡口,殊不知压力其实本身就是一座架于成功与失败之间的桥梁！关键看你是否愿意承受压力，是否愿意架起这座桥梁。

日本著名的丰田汽车公司的缔造者石田退三，幼年时家境贫穷，没钱上学，他只能到京都的一家洋家具店当店员。在家具店工作了8年后，由朋友的母亲介绍，到彦根做了赘婿。入赘后，他才知道太太家没有一点财产，这让他感到有些失望。

贫困的生活是很无奈的，他只能将新婚太太留在彦根，一个人到东京一家店里当推销员。所谓的推销员，其实就是推着车子满大街去推销货品的小贩。

这样咬紧牙关干了一年多，他的身体终于支持不住了，无奈之下离开这家店回到妻子家。

然而，在这里等着他的并不是温暖和安慰，而是鄙视的目光和令人难堪的日子，是更加沉重的压力攻击。“你真是个没有用的家伙！”周围看他的目光是如此，岳母更是丝毫不留情。她说：“你是我见过的最没有用的人！”这些羞辱几乎气得他眼前发黑，几近晕倒。步履艰难地过了几个月后，他终于承受不了这些沉重的压力，被逼得想通过自杀来解脱。

他抱着黯淡的心情，前去“琵琶湖”自杀时，却恍然大悟。他猛然地抬起头来，想到：“像我如此没有用的人应该非死不可。但如果我真有跳进琵琶湖的勇气，为什么不拿这勇气来面对现实，奋力拼搏，打开一条出路呢?我应该尽自己最大的努力，奋发图强，克服重重困难，用坚定的毅力做出一番轰轰烈烈的事业来，给那些鄙视我、不断给我施加无尽压力的人看才是！”

这个想法让石田勇敢地站了起来，一股强大的力量仿佛在他体内激荡着。他不再满脸愁容，不再想着用自杀来逃避现实了，而是搭上了回家的火车。从此，他不再自怜自叹，他托朋友介绍自己到一家服装商店当店员。在这儿，他重新鼓起奋斗的勇气，将忧愁化为力量，用坚定的毅力承受来自各个方面的压力。

40岁那年，他到丰田纺织公司服务。他不怕艰难，刻苦奋斗，全力以赴地投入工作。对他处事得当的能力、一丝不苟的精神，丰田公司的创业者丰田佐大为赏识。在石田50岁那年，丰田派他担任汽车工厂的经理。53岁时，公司将经营的大权交给了他。

回首往事，石田总是感慨地说：“人生就是战场，在这战场上打胜仗的唯一法宝，便是斗志和毅力。我要感谢那些曾经给我压力的人和曾经光顾我的困难。如果没有他们，我不会有今天。”如果没有周围的那些冷言冷语，如果没有那场自杀，如果没有那次自杀前和自己的对话，如果自己没能顶住那些压力的话……石田退三恐怕早就命沉“琵琶湖”了，哪还会有今天在丰田取得的卓越成就呢?

承受压力其实就是承担一种责任，就是拥有一种追求，就是承受一股力量，就是接受一种磨练。它看不见，摸不着，但是感受得到。

蚂蚁身陷火境，但最终它们众蚁脱险。是什么原因绝处逢生？是压力带来的智慧。羚羊面临悬崖，但最终它们选择了生存，这是环境带来的冷静；压力意味着什么呢？是苦？咖啡是苦的，西方人却赞不绝口。茶是苦的，东方人却依依不舍。压力似乎并不是一种专有的怪圈，它俨然也能让人获得一种动力。所以有人说，压力就是动力。事实上压力的降临并非是上帝在有意愚弄世人，而是蒙于“动心忍性，曾益其所不能”的初衷。所以，在压力面前多思考“天将降大任于斯人也，必先苦其心志，劳其筋骨……”这句话，也许成功就在后面。

警惕压力中的危险

我们倡导压力，但也同样提醒每一个人：压力需适度。适当的压力的确可以产生动力，从而使自己的潜能得以发挥；而一旦压力超出了人体所能承受的范围，它不但不会产生动力，还会给人的身心带来巨大的损害。

小张是一名记者，上街总是戴着墨镜，生怕别人认出来。终于，实在承受不住压力的她，就向父母倾诉了她的苦恼。妈妈说：“你作为一名记者去采访她们，自己又没有做坏事。你爸爸也是记者，年轻时也在南美采访街头卖身女郎，我很相信他。”曾任新华社驻东京首席记者的父亲也鼓励她、开导她。父母的开导，让小张如释重负，安下心来努力工作，她的文章很受欢迎。1998年日本新世纪中文电视台将她评为“在日杰出的华人”。

只有学会缓解压力，才能一身轻松地、更好地工作，取得理想的业绩。

教授向他的听众讲述如何正确对待压力。他举起一杯水，问道："这杯水有多重?"

从20到500克，回答各异。

"其实具体多重并非关键，关键在于你举杯的时间。如果你举了一分钟，即便杯子重500克也不是问题，如果你举杯一个小时，20克的杯子也会让你手臂酸痛，如果举杯一天，恐怕就需叫救护车了。同一个杯子，举的时间越长，它会变得越重。"

"倘若我们总是将压力扛在肩上，压力就像水杯一样，会变得越来越重。早晚有一天，我们将不堪其重。正确的做法是，放下水杯，休息一下，以便再次举起它。"

在你每天工作结束后，把压力抛在脑后是极为有利的做法。因此，当感到工作压力较大时，你要避免将工作带回家去，为自己订立一个"家中不办公"的规矩。你还要培养一些业余爱好，以此来让自己在闲暇中放下与工作有关的心事与烦恼，使身心得到休整与恢复。

当我们痛苦时，我们还要记住，不要总是将原因归咎于自己的压力，甚至痛恨这些压力。因为压力并不会因为我们不想要它就不存在，反而痛恨会让我们每天更有压力地生活着。

善待自己的压力，抱怨并不能够消除压力。相反，如果我们能够善待自己的压力，压力也许就会因为我们的平常心而消除。

我们还要知道，压力是风筝线，牵引着我们生活的风筝；压力是法码，平衡着我们生活的天平；压力是马达，推动着我们生活的列车。没有压力的生活是不完美的生活，没有压力的生活是空虚的生活，没有压力的生活是没有价值的生活。

另外，缓解压力的方法各不相同，但构成动力的元素都一样，不外乎自信、乐观、不屈不挠、热忱，以及坚忍的耐力。自信使你相信自己具有达成目标的能力；乐观让你相信凡事都能达到正面解决之道；不屈不挠才能一直向着目标努力；有了热忱和耐力才能享受过程中的快乐，不至灰心丧气，一蹶不振。这几个要素是相互促进、相辅相成的，只有共同运作，你才能获得到达目标的动力。

第六章　智慧点灯，眼观六路打好每张牌

爱献生说："智慧的可靠标志就是能够在平凡中发现奇迹。"英国人也常说："是智慧是命运的征服者。"是的，智慧的力量大过任何一种力量。智慧有无穷无尽的力量，智慧也是用不完的金矿藏！而想要获得这样的宝藏就必须让自己从第一步走起——学习。

点燃智慧之火，照亮整个生命

有理想的人，谁不想建功立业，谁不想功成名就，谁不想实现自我价值。然而，实现自己这些理想，必然要经历一个艰苦奋斗的过程，这其中也隐藏着许许多多的奥秘。

古今中外，许多成功者时代背景不同，道路各异，方式也不一样，但他们又有一个共同点，那就是智慧，他们都拥有丰富而卓越的智慧。由此看来，想成功，想成名，想实现自我价值，只有凭借你自己的智慧，才能得以实现。所以你必须开发自己的智慧，运用自己的智慧。

什么是高人？怎样的人才会被称作有智慧？比尔·盖茨为什么可以成为世界的首富，而很多人即便忙碌一生却仍旧一事无成？大多数的人无法获得事业上的成功，其中有一点就是因为不会运用自己的"智"，如果在价值链竞争时代不能巧妙地运用这点，则无法更好地获得资源，在竞争中获得一杯羹都是难上加难的事情，更别说在这样的角逐之林中成为最后的赢家。下面就让我们看一下甚为有名的故事：

一只兔子执笔在山洞前写着自己的文章。就在这时，一只狼走了过来，朗声问道："小兔子啊，你那是在干什么呢？"

兔子头也不抬地回答道："写文章。"

狼大为疑惑继续问道："你写文章？写的是什么题目啊？"

兔子依旧头也不抬答道："《浅谈兔子是怎样吃掉狼的》。"

狼一听顿时哈哈大笑，完全没有任何相信的意思。于是兔子把狼领进山洞。过了一会儿，只见兔子独自走出山洞，而后继续在原来的地方写文章。

不多时，一只野猪缓慢地走了过来，疑惑地问道："兔子，你在写什么呢？"

兔子答："写文章。"

猪走了过去问："题目是什么？"

答："《浅谈兔子是如何吃掉野猪的》。"

野猪顿时便笑了，表示不信，于是同样的事情发生了。

最后，在山洞里，一只狮子在一堆骨头之间，满意地剔着牙读着兔子交给它的文章，题目是《员工能力的大小，关键要看你的老板是谁》。

这只兔子不小心把这件事情告诉了他的朋友，于是这消息逐渐在森林中传播。狮子知道后非常生气，他告诉兔子："如果这个星期没有食物进洞，我就吃你。"

于是兔子继续在洞口写文章。

一只小鹿走过来："兔子，你在干什么啊？"

"写文章。"

"什么题目？"

"《浅谈兔子是怎样吃掉狼的》。"

"哈哈，这个事情全森林都知道了，你别想胡弄我了，我是绝对不会进洞的。"

兔子并不着急，只是瞪着自己一双红色的眼睛温顺地道："我也差不多要退休了，狮子说要找个人来顶替我，难道你不想变成写这篇文章的小鹿么？难道你不想成为森林里万物景仰的明星吗？"

小鹿想了想，一跺脚，终于忍不住诱惑，跟随兔子走进洞里。过了一会儿，兔子独自走出山洞，继续写文章。一只小马走过来，同样的事情发生了。

最后，在山洞里，一只狮子在一堆骨头之间，满意地剔着牙读着兔子交给它的文章，题目是《销售人员如何发展下线为老板创造效益》。

随着时间的推移，狮子越长越大，兔子的食物已远远不能填饱肚子。

一日，他告诉兔子："我的食物量要加倍，例如：原来四天一只小鹿，现在要两天一只，如果一周之内改变不了局面我就吃你。"

于是，兔子离开洞口，跑进森林深处，他见到一只狼："你相信兔子能轻松吃掉狼吗？”

狼哈哈大笑，表示不信，于是兔子把狼领进山洞。过了一会儿，兔子独自走出山洞，继续进入森林深处。

这回他碰到一只野猪：“你相信兔子能轻松吃掉野猪吗？”

野猪不信，于是同样的事情发生了。原来森林深处的动物并不知道兔子和狮子的故事。

最后，在山洞里，一只狮子在一堆骨头之间，满意地剔着牙读着兔子交给它的文章，题目是《如何实现由坐商到行商的转型》。

两年过去了，狮子已经长得很胖了，由于长期缺乏锻炼，吃了就睡，它的体态已经很臃肿了。一日，狮子决定出去散散心，突然发现由于前段时间雨季，山石滚落，现在的洞口大小只能自由进出几只兔子，它的身体根本无法出去。

兔子站在洞口，手叉腰间大声说道：“这一天我等了很久了，今后你得什么都听我的，否则别想让我给你弄吃的。”

狮子听后无奈地说道：“好吧！只要给我吃的，什么都可以”狮子低头时发现了兔子的论文题目：《战略决定高度——论兔子是如何借力狮子的》。

这是一个兔子运用智慧借助狮子的力量走向成功的寓言故事。在这个故事里，我们心悦诚服地为这只兔子带上了“智者”的桂冠。一只弱小的兔子通过自己所拥有的智慧，借助自己能借助的一切力量轻易在危机四伏的森林中获得了明星地位，甚至最终站在了最高点自由生存无人能左右，读这则故事的人无不为其拍案叫绝。更让我们深刻感悟到智慧的重要、思考的重要。

在一个古老而闭塞的山村里，一个考古学家想收集古董，他想山村里的村民大多没有出过山村，都很贫穷愚昧，一定不知道古董的价值，如果自己真的能见到一件古董，一定可以以很低的价钱收购回来。

这个考古学家在山村里转了几天，还真收集到了几件古董。就在他准备离开山村的时候，他忽然发现一只可爱的小猫在吃食，他蹲在地上观察了很久，他当然不是在观察小猫，而是在观察那只放着猫食的小碗。

他断定那只碗是一件罕见的古董，而这家主人竟然用它来放猫食，可见这家主人并不知道这个碗的价值，考古学家心生一计，便装作借宿的样子，在这户人家住了下来。

几天下来，跟这家主人——一个看似木讷的村妇也熟悉起来了，这个考古学家每日都给猫喂食，装作很喜欢这只猫的样子。终于，考古学家要离开这里了，他装作依依不舍的样子摸着那只小猫的毛，对村妇说："大嫂，我很喜欢这只小猫，不知道你能不能把它卖给我呢？"还以为村妇不肯，没想到她很爽快地答应了。

考古学家装作很高兴的样子抱起小猫："那我出一百元买下这只猫，好不好，你如果觉得少我还可以再加。"

村妇说一百就很多了，考古学家接着便又像忽然想起什么似的对村妇说："我觉得这只小猫一定已经适应这个小碗了，我怕用别的器具它会不习惯，这样吧，我再加五十，你把这个碗一块卖给我吧？"

没想到村妇这次却不同意了，她说了一句令考古学家目瞪口呆的话："那可不行，靠这个碗，我都卖出去三只猫了。"

考古学家只得悻悻地抱着那只没用的猫离开了山村。

在这场利益的角逐中，我们不难看出一个道理，谁更会运用自己的智慧谁就会是最后的赢家，只有智高一筹才能左右胜负。

智慧是如此的重要，然而研究表明：大多数人不聪明的原因，不是不会思考，而是不愿思考。勤于思考才会聪明，才更容易获得智慧。俗话说"刀不磨要生锈"。人的大脑也是一样，不用就会变得迟钝！时间长了也会"生锈"，而且"生锈"以后，要恢复到原来的水平，是非常困难的。因此一定要经常使用大脑，这才是积极、有效地保护大脑的办法。大脑越用越灵，要善于用脑、思考。

美国著名"旅馆大王"希尔顿12岁的时候经历了一件事情，对他的影响非常大。当时在美国西部人人都带枪，但希尔顿发现自己的父亲不带枪，于是忍不住问了，父亲告诉他："带枪的人必须依靠拔枪的速度，不带枪的人需要靠智慧，智慧的力量肯定大过武器的力量。"

希尔顿很快就见识了智慧的力量：一天，他突然发现父亲在一个酒馆里，一个喝了酒的人正用枪逼着父亲，如果没有回答上他的一个问题，他就立即开枪。现在生死攸关，希尔顿为父亲担心，他几乎要哭了。可当他看父亲的时候，却惊奇地发现父亲非常平静，用一种非常感人的语调，慢慢地对那个拿枪的人说话。过了一会儿，那人的态度开始软化，并把枪扔到地上，抱着父亲哭了！

智慧的力量大过武器的力量，可以说智慧的力量大过任何一种力量。智慧有无穷无尽的力量，智慧也是用不完的宝藏！世界著名的军事家拿破仑说："在部队里面，勇敢的将军固然重要，但是善于动脑筋思考的将军更重要，士兵更需要有这么一个智慧的将军。"国际未来学研究所儒佛内尔博士说过："明天的资本，就是智慧。"其实，在生活的方方面面都如此。只要你点燃智慧之火，就能照亮整个生命。

一分耕耘，一份收获

俗话说："一分耕耘，一份收获。"农民在田里播下种子，并细心地去照顾它，种子就会发芽生长；而一个人，在田里播了种，如果一味懒惰，不去照顾它，不浇水，种子是不会发芽成长的。智慧也是一样，只有那些勤奋的人，智慧种子才能发芽结果。只有付出心血与汗水的人才有机会赢得胜利的果实。

蜜蜂算得上动物界极为勤劳的。一位英国的生物学家，曾调查过蜜蜂的生活，他做的统计如下：一磅蜂蜜是从6.2万朵花心中采出来的。换言之，蜜蜂采一磅蜜，需要拜会花270万次，一去一来，飞过的路程约有500万英里。每次采蜜，要用它管状式的咀吸，吮花的次数需要372万次，这样才能做成一磅蜂蜜。

不管人类还是动物，要想有所成就，必须具备勤劳的精神。

"莫道君行早，更有早行人。"勤劳是一种美德，一个人若只想着不劳而获，那么他注定与成功无缘。只有辛勤肯干，才有成功的希望。

菲尔德是著名的企业家。16岁那年，他离开家乡来到纽约一家干货交易店做一名店员。菲尔德在遵守时间方面毫厘不差，细微之处做得无可指责，并且对店里的工作兢兢业业，所以他很快就得到店主的信任。这样的一个孩子用不了多久一定会被提升。"我总是很注意，"菲尔德先生在他的自传里写道，"一定要在顾客到达之前赶到店里，在顾客离开之前从不提前下班。我的想法就是要使自己成为一个最好的推销员。我尽量从各个部门学习一切有价值的东西，我完全懂得：将来的一切都将取决于我自己今日的努力。"

成功果实是由辛勤汗水的浇灌长成的，获得果实就意味着要付出，意味着要吃苦。

一个人的想法不管有多好，也要靠实际行动来实现。想法再好如果不为之付出行动，成功也与之无缘，这样的人难成大器。当然，这里所强调的敢干并不是告诉人要盲目地付出蛮力，而是在正确的想法上，勤勉踏实，一步一个脚印地实干。

华罗庚家境贫穷，下定决心努力学习。上中学时，在一次数学课上，老师给同学们出了一道著名的难题，华罗庚正确地回答出来，使老师惊喜不已，并得到老师的表扬。从此，他喜欢上了数学。华罗庚上完初中一年级后，因家境贫困而失学了，只好替父母站柜台，但他仍然坚持自学数学。他经过自己不懈的努力，终于成为我国杰出数学家。

一个人的进取与成才，天赋固然重要，但更重要的是自己要勤奋。缺乏勤奋精神，哪怕是天资奇佳的雄鹰也只能空振双翅；具备勤奋精神，哪怕是行动迟缓的蜗牛也能雄踞塔顶，观千山暮雪，渺万里层云。

天赋可以帮助人们取得成功，也可以将人的大好前途毁于一旦。有些人自认为天赋极高就忽略了辛勤的重要性，结果葬送了一生。王安石笔下的方仲永就是天赋的牺牲品，我们应该引以为戒。

西汉有个匡衡的孩子。他小时候很想读书，可是因为家里穷，没钱上学。后来，他跟一个亲戚学认字，才有了看书的能力。

匡衡买不起书，只好借书来读。那个时候，书是非常贵重的，有书的人不肯轻易借给别人。匡衡就在农忙的时节，给有钱的人家打短工，不要工钱，只求人家借书给他看。

过了几年，匡衡长大了，成了家里的主要劳动力。他一天到晚在地里干活，只有中午歇晌的时候，才有工夫看一点书，所以一卷书常常要十天半月才能够读完。匡衡很着急，心里想：白天种庄稼，没有时间看书，我可以多利用晚上的时间来看书。可是匡衡家里很穷，买不起点灯的油，怎么办呢？

有一天晚上，匡衡躺在床上背白天读过的书。背着背着，突然看到东边的墙壁上透过来一线亮光。他嚯地站起来，走到墙壁边一看，啊！原来从壁缝里透过来的是邻居的灯光。于是，匡衡想了一个办法：他拿了一把小刀，把墙缝挖大了一些。这样，透过来的光亮也大了，他就凑着透进来的灯光，读起书来。

匡衡就是这样刻苦地学习，后来成了一个很有学问的人。

一切伟大的人物，之所以取得卓越的成就是与他们的勤劳分不开的。作为普通人，我们同样离不开勤劳。

英国哲学家约翰·密尔说："生活中有一条颠扑不破的真理，不管是最伟大的道德家还是最普通的老百姓，都要遵循这一准则，无论世事如何变化，也要坚持这一信念。它就是在充分考虑到自身能力和外部条件的前提下，进行各种尝试，找到最适合自己的工作，然后集中精力、勤勉踏实，一步一个脚印地做下去。"

"宝剑锋从磨砺出，梅花香自苦寒来。"贪图安逸使人堕落，无所事事令人退化。懒惰是人生的腐蚀剂，它使原本甜蜜的生活变得苦涩，使原本光彩的人生变得阴暗。人生的许多理想、目标、规划、希望、追求，就是因为懒惰而变得遥遥无期，无法实现。如果我们认真地思考一下，就会发现，世间的一切美好生活，人生的一切光辉灿烂，无一不是勤奋努力的结果。正如有句话所说："天下没有免费的午餐。"

古人说："天道酬勤。"要想真正成功，还需要我们锲而不舍的努力。只有勤奋、坚持不懈，我们才能更加接近目标，才能成功。

天道酬勤，不索何获

天才在于积累，聪明在于勤奋。勤奋是一种积极进取的态度，是一种奋发向上的精神，一个人的成长与环境、机遇、天赋、学识等外在因素紧密相连，但起决定作用的是勤奋，缺乏勤奋精神，哪怕天资奇佳的雄鹰也只能空振双翅；具备勤奋精神，哪怕是行动迟缓的蜗牛也能雄踞塔顶。正所谓，勤能补拙是良训，一份辛苦才能有一份收获。

日本最成功的企业家之一松下幸之助说："我小时候，在学徒的七年当中，在老板的教导之下，不得不勤勉从事学艺，也不知不觉地养成了勤勉的习性，所以在他人视为辛苦困难的工作，而我自己却不觉得辛苦，甚至有人认为‘太辛苦了’的工作，在旁人看来，只不过是认真工作而已，所以我与他的看法，自然就有差异了。我青年时代，始终一贯地被教导要勤勉努力，此乃人生之一大原则。事实上，在这个社会里，对有勤勉努力习性的人，不太被人称赞是尊贵或者伟大，也不会认为他很有价值，因此，我认为大家应该无所顾忌地提升对具有这种良好习性者的评价，这样才算真正对勤勉习性的价值有所认识。”

美国6位最有钱的富翁都是白手起家，他们每周平均的工作时间为56小时，而比尔·盖茨更高达80小时。据《洛杉矶时报》报道：意大利人每年有42天带薪假期，法国人37天，德国人35天，英国人28天，而美国人是16天，但实际上他们只休14天，美国劳工统计局的数字也显示，美国人每周工作49小时，加起来每年要比欧洲人多工作350小时。

爱迪生一生做出了一千多项发明，为人类社会的发展做出了巨大的贡献，但即便如此，他在70岁以后每天还工作14个小时以上。曾经有人问他：“你每天工作那么多时间，不感到辛苦吗？”爱迪生回答说：“辛苦？我从来没有觉得辛苦，我认为工作是一种享受。”

“人生在勤，不索何获”。张衡少有壮志，刻苦问学，珍惜时光，自强不息，全身心投入到祖国科学事业。他创立了浑天说，观测记录了两千五百多颗恒星，发明了第一架测试地震的仪器——候风地动仪等，成为我国东汉时期伟大的天文学家。

几乎所有取得突出成就的人都有一部勤劳刻苦奋斗竞争的历史，绝少有投机取巧取胜的，成就的取得与勤奋进取密不可分。正如高尔基说，“天才出于勤奋”；卡莱尔也说过，“天才就是无止境地刻苦勤奋地努力”；韩愈曰，“业精于勤荒于嬉，行成于思毁于随”这些名人的经验之谈告诉我们，只有勤奋，才能成才。

“时间是常数，花掉一天等于浪费24小时。”我国当代数学家陈景润十分珍惜时间，他利用候车、排队与买饭的时间，学会了英法德俄四国文字。并且在攀登数学高峰的道路上，翻阅了国内外上千本有关资料，通宵达旦地看书学习、演算研究，最终取得了震惊世界的成就，成为最为接近数学王冠明珠——哥德巴赫猜想第一人。他曾说过，“攀登科学高峰，就像登山运动员攀登珠穆朗玛峰一样，要克服无数艰难险阻，懦夫和懒汉是不可能享受到胜利的喜悦和幸福的”

人生有三日：昨日、今日、明日。昨日是历史的见证，不管多么难忘，都已成为过去；明日是未来的选择，是将来，是时间老人变幻莫测的步伐；而今日是最值得珍惜的礼物。

童第周出生在浙江省鄞县的一个偏僻的小山村里。由于家境贫困，小时候一直跟父亲学习文化知识，直到17岁才迈入学校的大门。

读中学时，由于他基础差，学习十分吃力，第一学期末平均成绩才45分。学校令其退学或留级。在他的再三恳求下，校方同意他跟班试读一学期。

此后，他就与“路灯”常相伴：天蒙蒙亮，他在路灯下读外语；夜熄灯后，他在路灯下自修复习。功夫不负有心人，期末，他的平均成绩达到70多分，几何还得了100分。这件事让他悟出了一个道理：别人能办到的事，我经过努力也能办到，世上没有天才，天才是用劳动换来的。之后，这也就成了他的座右铭。

大学毕业后他去比利时留学。童第周在国外学习期间，刻苦钻研，勤奋好学，得到了老师的好评。他获博士学位后，回到了灾难深重的祖国，在极为困难的条件下进行科学研究工作。就因为这样的勤奋，童第周才能获得这样巨大的成就。

人生百年几今日，今日不为真可惜！让我们摆脱对昨日的懊悔，对明天的依赖，从今日开始，扎扎实实搞好学习，立足现在，未来的日子里，无论做任何事都不能懒惰，只有勤奋进取，才能成就辉煌，实现自己的人生价值！

不要轻易说满足

每个人都应该有上进心。不要因为取得了一些小小的成绩，就不思进取；也不要因为生活中受到一些小小的挫折，就一蹶不振；更不要饱食终日，无所用心。

俗话说:“10岁神童,15岁才子,过两年的只是平平凡凡的人了。”青年时期轻而易举地获得成功,若从此心满意足,那将是获得最终成功的障碍。

贫困的人往往不满足自己的处境而白手起家,最终经过自己的努力跻身富人的行列;反之,一个出生在富裕家庭的人,虽然继承了父母财产,由于不思进取,往往家道中落。如此看来,没有理想的人,就好比没有上发条的表一样,要钟表走动,必须费些力气,亲自上紧发条。

有一位母亲看到自己的儿子缺乏进取心,就对儿子说:“没有人比你更优秀。但是,倘若你不做番事业来证明,那么,你与别人也是毫无差异的。”儿子听了母亲的话,从此发奋图强,最终取得了可观的成就。

好多人没有人生的目标,整日无所事事,取得一点小小的成就,就沾沾自喜,自高自大起来,阻碍了自己前进的道路。

曾有一位心理学家向听众提出这样一个问题:突然,你意想不到地得到了10万美金,你要怎么利用呢?因为被问及的人大部分都有固定的收入,以致所答大体相同——要拿一部分当养老金,以旅行或玩乐度其余生。

要把这一笔意外的财富用来完成人生某个大目标,一个也没有。这恐怕是因为持有大目标的人太少了。

意外得来的财富常使受益者大部分脱离了生产者的行列,变成仅仅为消费而生活的人。

某镇上住着两个律师。他们彼此相互竞争,以致在法庭上用刻薄的言词相互斥责,有时甚至诉诸武力。这两个其中一个是单身汉;另一个是鳏夫,有一个男孩。

在这条街上,还住着一个富裕的老处女,她终生笃信宗教。在鳏夫律师的男孩18岁那年,老处女死了。单身的律师在去查证遗嘱时,整条街道为之骚动。她的遗产将送给哪个教堂?这个问题引起了人们的纷纷猜测。

可是谁曾料到,这笔遗产却是留给了鳏夫律师的儿子,人们无不目瞪口呆。

从此之后,这个18岁的青年,处处受着人们毕恭毕敬的礼遇,朝夕被自作多情的女郎困扰着。他是酒店里最受欢迎的人。

时光流逝。单身的律师接来外甥，并加以教育，使自己在工作上有了一个得力的助手。他们成了这个地方一流的律师。人们认为这个外甥聪明能干，凡有案件都来请他出庭。

鳏夫律师随着年迈，逐渐衰老而不能工作了。而他的儿子根本不愿工作，终日东游西荡，不务正业。他染上了富家子弟所有的恶习，一点也没有储蓄的概念。

将两者的情形比较一下，何者该事业兴盛，何者该没落。就不言而喻了。单身的律师得到能干外甥的帮助，自然属于前者；鳏夫律师却为无能的儿子而感到耻辱。

单身律师去世时，这座城市再度陷入兴奋的漩涡之中。黄色的文件与备忘录一起被人们发现。这文件正是那个老处女原来的遗书。先前单身律师所签订的那份遗书，竟是他模仿老处女签名的伪造文件。备忘录有如下的文字：

"为打倒敌对的同行，故意做了这件事情。我要使他的儿子成为无用的软骨头。我问心无愧，为达此目的，我将……"

不论是什么职业，有些人在事业上取得了一定成就，经济上达到了一定的高度，便停下脚步享受起来，不再做更进一步的努力了。他们在赚取了需要的钱财后，就好像变成了另外的一个人，安于现状，无所作为。结果，短暂的挥霍之后，依旧穷困潦倒。

心理学家曾说：好运时常是不幸的前奏。因为一个人在好运的笼罩下，往往丧失了斗志，抛弃了努力。鼠目寸光的人，稍有富裕，就自我满足，不思进取。他们变得怠惰、游荡，消费多于生产。他们手里有些金钱，就以为有资格享受。倘若突然再遇拮据，他们才会发觉，自己是那么软弱无能，连先前做过的事都做不出来了。现实中许多赫赫有名的富翁们虽然掌握着巨额财富，如果他们不懂得管理财富，养成安于现状的坏习惯，他们的财富只会昙花一现。

美国有一位叫贝特罗的年轻人，他的父亲在墨西哥持有金银小矿山。贝特罗起先很勤勉地工作，使矿山的生产十分景气。然而当钱财滚滚而来时，他竟异想天开，建筑了堂皇的宫殿，购进了巴黎的家具。当时，在那个村里没有一家浴室，而他倒有一打以上。此外，还有15架大钢琴配置在各处大厅里。

贝特罗沉溺于如此漫无止境的豪华生活里，再也不闻不问生产的情况，任其矿山废弃。后来，他身边留下的除了那座宫殿，别无他物。最终，他就在那宫殿里的两间尘埃弥漫的屋子里，了结余生。

这些富人之所以最终走向穷困的末路，大多因为一生中没有远大的目标，没有目标的人就容易安于现状。他们的眼光太短浅，他们仅能看见眼前的事情而已。

一个人安于现状固然不可取，当我们遇到困难时，也不要因现状而失望。一个对现状怀有消极心态的人，同样会不思进取。既不满足现状又能为远大目标而奋斗的人，才能取得成功。

学会每天自己淘汰自己

美国哲学家詹姆斯说："你应该每一两天做一些你不想做的事。"这是一个永恒不灭的真理，是人生进步的基础和上进的阶梯。有一句名言与这个观点相同："容易走的都是下坡路。"辩证法里量变质变定律也讲，量变积累到一定程度就会发生质变。所以不要奢望个人的进步能够立竿见影，只要每天进步一点点就行了。让自己进步的方法很多，"每天做点困难的事"，就是"逼"自己进步的办法之一。

在很多年前，有一群熊欢乐地生活在一片树木茂密、食物充足的森林里，他们在这里繁衍子孙，同其他动物友好相处。后来有一天，地球上发生了巨大变化，这片森林被雷电焚烧，各种动物四散奔逃，熊的生命也受到威胁。其中一部分熊提议说："我们北上吧，在那里我们没有天敌，我们可以发展得更强大。"另一部分则反对："那里太冷了，如果到了那里，只怕我们大家都要被冻死、饿死。还不如去找一个温暖的地方好好生存，可供我们吃的食物也很多，我们也很会容易生存下来。"争论了半天，谁也说服不了谁，结果，一部分熊去了北极边缘生活，另一部分则去了一个四季温暖、草木繁茂的盆地居住下来。

到了北极边缘的熊，由于气候寒冷，他们逐渐学会了在冰冷的海水中游泳，还学会了潜入水下、到海水中捕食鱼虾，甚至敢于与比自己体积还大的海豹搏斗……长期下来，他们的身体比以前更大、更重、更凶猛。这就是我们现在看到的北极熊。

另一部分熊到了盆地之后才发现：这里的肉食动物太多了，自己身体笨重，根本无法和别的肉食动物竞争，便决定不吃肉了，改为吃草。没想到这里的食草的动物更多，竞争更激烈。草也吃不成了，只好改吃别的动物都不吃的东西——竹子，这才得以生存下来。渐渐地他们把竹子作为自己唯一的食物来源。由于没有其他动物和他们争抢食物，他们变得好吃懒动，体态臃肿不堪，就演化成了我们现在看到的大熊猫。但后来竹林越来越少，大熊猫的数量也越来越少，几乎濒临灭绝，只能被关在动物园里，靠人类的帮助才能生存。

无论在工作中或生活中，面对有困难、有挑战的事，人们往往敬而远之，人们总是想方设法地逃避。在逃避痛苦和追求快乐的心理作用下，人们更容易选择以逃避或拖延来降低压力。然而，往往这些你刻意逃避的事，就是提升工作能力的突破口。

拿破仑说：“一匹马如果没有另一匹马紧紧追赶并要超过它，就永远不会疾驰飞奔。”动物每天不淘汰自己，也就没有了野性；一个人每天不淘汰自己，就会自甘平庸与堕落；一个群体如果每天不淘汰自己，就会因过度安逸而丧失活力；一个国家如果不每天淘汰自己，就会逐渐走向懈怠和腐败；一个行业如果不每天淘汰自己，就会丧失革新的动力，安于现状而逐渐走向衰亡。

美国著名指挥家沃尔特·达姆罗施20多岁就当上了乐队指挥，但他仍保持着谦和、勤勉的作风，没有忘乎所以。面对大家的夸奖，他自己透露了谜底——“刚当上指挥的时候，我也有些飘飘然，以为自己才华举世无双，地位无人可撼。一天排练，我忘了带指挥棒，正要派人回家去取，秘书说：“不必了吧，向乐队其他人借一根不就行了？”我想：秘书真是糊涂，除了我，别人带指挥棒干吗？但我还是随便问了一声：“谁有指挥棒？”话音还没落，大提琴手、小提琴手和钢琴手，各掏出了一根指挥棒。

我心中一惊，突然醒悟：原来自己并不是什么不可或缺的人物，很多人一直在暗中努力，随时会取代我。以后，每当我偷懒、膨胀的时候，那三根指挥棒就会在面前晃动。

如果你不进步，你就可能被淘汰。让自己进步的方法是多种多样的，“每天做点困难的事”，就是“逼”自己进步的办法之一。当然不要指望几天内就能有翻天覆地的变化，“欲速则不达”的道理谁都明白。做法很简单，只需要你每天进步一点点，等到一段时间过后，你会发现现在的你比起以前已经大不一样了。

如果你是做销售工作的，你偏偏欠缺沟通能力，惧怕与客户打交道。克服惧怕心理的办法就是每天“逼”自己多跟客户交流，为客户介绍产品，为客户提供服务；如果你是一位公关人员，但是你恰巧又是一个内向的人，那你就每天“逼”自己主动与主要的业务伙伴联系，或约见；如果你是一位营销人员，但是当众演讲又是你最发怵的事情，那你就每天“逼”自己练习讲话……

不要觉得自己不擅长做什么就不去做，好多能力是后天锻炼出来的。没有天生就擅长做什么的，只要你敢于挑战自我、突破自我，即使你认为自己做不好的事也能做得非常出色。不要担心你是否会坚持到最后，或最终会不会达到你想要的结果，去试一下先做你最不喜欢的事，不仅会让你觉得第二件工作没有第一件烦人，并且会让你的信心大大增强，甚至会感到骄傲。

最终你会发现，那些曾经让你苦恼万分的问题，在每天一点点的进步下会逐渐松动瓦解，你也将会跃上人生的更高一层的阶梯。“一切都是可能的”，用这个想法去思考，就像给自己的心中放入一个马达，会使你学会如何积极地思考，你会比过去更有挑战并战胜一切的实力，超越自己也就变得不那么困难了。

现代社会充满竞争，如果你不懂得提升自己的能力以适应社会，你就会被淘汰出局。惟有不停的努力，不停地找准自己的立足点，勤奋地用别人双倍的艰辛来完成自己的使命。每天淘汰自己，每天都要进步，才能在竞争中立于不败之地。

充电使你更强大

在日新月异的今天，如果我们不主动学习，我们就无法取得工作和生活所需要的知识，就无法使自己适应急剧变化的时代。

因此，人都不要忘记给自己充电。只有那些随时充实自己，为自己奠定雄厚基础的人，才能在竞争激烈的环境中生存下去。只有学会学习的人，才能不断充实和更新知识；才能善于思考，开阔思维，有所创新；才能获得一种超越本能的力量。

著名科学家巴斯德说:“告诉你我成功的秘诀吧,我成功的唯一秘诀就是我的坚持精神。”水滴石穿,绳锯木断,持续不断的学习,将使自己的文化知识在点滴的积累中变得令人吃惊。我们要有一种甘于寂寞的心理准备,从细微入手,做好点滴积累工作,不应为暂时的困难而气馁,也不应为没有眼前的功利而颓废。胜利最终属于不懈努力、勤于积累、厚积薄发的人。

一天,师旷正为晋平公演奏,忽然听到晋平公叹气说:“有很多东西我还不知道,可我现在已70多岁,再想学也太迟了吧!”师旷笑着答道:“那您就赶紧点蜡烛啊。”晋平公有些不高兴:“你这话什么意思?求知与点蜡烛有什么关系?答非所问!你不是故意在戏弄我吧?”师旷赶紧解释“我怎敢戏弄大王您啊!只是我听人说,年少时学习,就像走在朝阳下;壮年时学习,犹如在正午的阳光下行走;老年时学习,那便是在夜间点起蜡烛小心前行。烛光虽然微弱,比不上阳光,但总比摸黑强吧。”晋平公听了,点头称是。

孔子曰:“三人行必有我师焉。”这表明像孔子这样学识渊博的大儒还在孜孜以求,不断进取的学习,何况我辈。我们就更应该加倍努力,用知识充实自己。特别是在知识爆炸的今天,更需要学习新的文化科学知识,学习专业技能,学习为人处事之道。

“未来唯一持久的优势是,比你的竞争对手学习得更好。”这是彼得·圣吉对职场人的忠告。学习已经成为职场人赖以生存的手段。

通用电气公司(GE)首席教育官鲍勃·科卡伦认为:“在GE内部,一旦你进入了公司,你是来自哈佛大学,还是一个不起眼的学校并不重要。因为一旦你进入公司,你现在的表现比你过去的经历更重要。

如果你从事一项新工作,你做得不是太好,没关系,我们知道你在学习,你能追上来。我们希望人们的表现高于一般期望值,工作得很出色。不过期望值不是一成不变的,期望值会随时间而变化。如果你停止学习,一段时间内一直表现平平,而期望值因为竞争的关系,因为客户需求,因为技术进步而上升,而你却不再学习,你就可能被淘汰。要知道在企业,期望值年年上升。如果你今年销售额达到2000万美元,明年就要达到2200万美元,而在接下来的年头,你需要做更多。如果你停止学习,从个人的角度看这个问题,就像水在涨,而你就站在那里,你不会游泳,就会被淹死了。这对你个人和事业来说都是一件坏事。”

伏尔泰的座右铭是“永远工作”。意大利雕刻家迈克尔·安吉洛是一个令人惊奇的工作狂,他甚至穿着衣服睡觉,以便一醒来就能跃起身去工作。他把一块大理石放在自己的卧室里,以便在夜里醒来或失眠的时候可以工作。他最喜欢的一件作品是一个坐在推车里的老人,老人的头上有一个沙漏,雕像上刻的字是“活到老,学到老”。即使他在双目失明之后,仍然让人用轮椅推着他去贝尔威德,亲手检查那些雕像。英国政治家科布登常说的一句话是:“我工作起来就像一匹一刻也不停歇的马一样。”据说,音乐家韩德尔的工作量是普通人的十二倍。

有一次,一个女士向画家透纳询问他成功的秘密。

“我没有秘密,女士,只是努力工作而已。”

“这是一个许多人从来都学不会的秘密,他们之所以不能成功,因为他们无法领悟这个秘密。勤劳就是将世界由丑变美、将诅咒变为祝福的精灵。”

巴尔扎克在孤独的顶楼上,他一直在贫穷和饥饿中努力并等待着,但无论是饥饿、债务、贫穷,还是挫折,都不能促使他对自己的目标有一丝一毫的动摇。即使全世界都嘲笑他,他依然能够等待。

“人们通常都希望自己能够心灵手巧,但其实更应该对勤劳心怀感激。”爱迪生说,“诸神将各种幸福定下了高昂的代价,而只有勤劳的人才能买得起。”

努力地把梦想展现在画布上,绝非一朝一夕之事。成功有时仿如一座隐形的宫殿,你看不到它的瑰丽宏伟,也不知道它坐落何方。只有当你走完了所有必经之路后,它才会真实地呈现在你的眼前。

苏格拉底说:“世界上最快乐的事,莫过于为理想而奋斗。”在这个“知识经济”时代,我们必须注重自己的学习能力,必须能够勤于学习、善于学习,并且终身学习,才能在竞争激烈的社会中立于不败之地。

只有不断地学习,才能拥有足够的知识去创造更大的财富。而现代社会里,知识的飞速发展和更新使学习成为一项伴随我们终身的行为,可以说,我们已经进入一个终身学习的时代。

多数人不会否认学习的重要性,可是能做到坚持不懈学习的人却很少,所以获得成功的人也就没有那么多。在这个知识经济的时代，知识的更新速度以几何级数增长,每个人都需要不断学习,如果我们不坚持学习,迟早会被时代遗弃。想要追求更大的成功,就需要不断地学习,汲取更多的知识和经验。

成功的人有千万,但成功的道路只有一条——学习,勤奋地学习。如果一个人停止了学习,那么很快就会“没电”,会被社会所抛弃。养成不忘学习的习惯,你离成功也就不远了。

第七章 出牌无悔,不抱怨的人生多亮色

美国哲学演说家金·洛恩说:“成功不是追求得来的,而是改变自己而来的。”与其抱怨别人,不如改变自己。承担起自己的责任,积极地前进,永不退缩,请相信你自己改变了,一切就会改观。

与其抱怨,不如改变

在《古兰经》中,有一个故事:

一位大师经过几十年的修炼,终于练就一身“移山大法”。有一天,他宣布:“明天早上我要当众表演‘移山大法’,把广场对面的那座大山移过来。”

消息像长了翅膀一样四处传开。果然,第二天一早,黑压压的人群开始聚集在广场上,等待观看大师的表演。时辰一到,只见穿戴整齐的大师口中念念有词,然后面对大山高喊:“山过来,山过来!”半晌,他问人群:“山是不是过来了?”人群中开始窃窃私语,有的说好像过来一点点,有的说好像没有。大师继续高喊,整整一个上午过去了。此时陆陆续续有人离开,也许他们觉得没有什么意思,甚至觉得此人可能是个骗子。

大师没有理会那些离去的人,继续高喊“山过来”,转眼间一个中午过去了,一个下午也过去了,已近黄昏。整天的高喊,大师的嗓子已完全沙哑。最后当他用嘶哑的声音问周围为数不多的人:“山有没有过来?”此时大家异口同声的告诉他:“大师,山真的没有过来。”听罢,大师开始做最后的努力。只见他口中边高喊:“山过来!”边喊边移动脚步,朝那座大山走过去。最后,大师又问:“山有没有过来?”人群中鸦雀无声。于是大师用他嘶哑的声音说:“诸位,你们都看见了,我用了一整天的时间,用尽了我的全身力气叫‘山过来’,山都不过来,怎么办?那我就只好过去了,山不过来,我就过去!”

山不过来，我就过去，道理何其简单。如果抱怨、发牢骚无济于事的话，为何你不改变自己。

没有一项工作是完美的，也没有一项工作让一个人完全满意，我们做不到从不抱怨，但我们应该让自己少一些烦恼，而多一些积极的心态去努力进取。

一日，诗人白乐天去拜访恒寂禅师，天气酷热难当，恒寂禅师却在房间内安静地坐着。

白乐天很奇怪，就问道："禅师！这里这么热，为什么不换个清凉的地方？"

恒寂禅师说："我觉得这里很凉快啊！"

白居易似有所悟，于是，提笔作诗一首："人人避暑走如狂，独有禅师不出房。非是禅房无热到，为人心静身即凉。"

这首诗就是白乐天著名的《苦热——题恒寂师禅室》。就像故事中所描写的，当整个大环境无法凭借个人的力量改变时，不如尝试选择"改变自己"。

"遇到障碍我会诅咒，然后搬把梯子爬过去。"美国的亿万富翁约翰森这样说。在生活中，迫切需要改变的不是别人，而是我们自己。如果无法改变别人，最好的方法就是改变你自己。

很久以前，有一位国王统治着一个富裕而和平的国家。有一次，他到一个离王宫很远的地方旅行。回到王宫后，他不停地抱怨脚非常地疼，因为他是国王，以前从未走过那么长的路，更何况，他所走的路异常地粗糙、多石。

于是，愤怒的国王向天下发布诏令，让百姓用皮革铺好每一条道路。很明显，这要用掉无数张牛皮，花费巨额的金钱。

这时，一位大臣冒着触犯国王的危险进言道："陛下，为什么您要花那么多不必要的金钱呢？您何不剪一小块牛皮粘在自己的鞋上呢？"

听了大臣的话，国王很惊讶，但略加思考，他就接受了这个大臣的建议——为自己做了一双加厚底牛皮鞋。国王穿上了舒适的牛皮鞋后，颇有感悟地说："过去我一直强调改变世界。现在看来，有时更需要改变的倒是我们自己，是我们的内心。"

从这个故事中，可以领悟到一个道理：不要一意孤行，首先应该改变的是自己。想要漂亮地赢得人生这场牌局，更要谨记这一点——从自己开始。有一则脍炙人口的寓言，或许可以给我们更多启示：

一个年轻的农夫，划着小船，把自家的农产品运送给另一个村子的居民。那天的天气暑热难耐，他汗流浃背，苦不堪言。他心急火燎地划着小船，希望尽快地完成运送任务，以便在天黑之前能返回家中。突然，农夫发现，前面有一只小船沿河而下，迎面向自己的船快速驶来。眼见着两只船就要撞上了，但那只船并没有丝毫避让的意思，似乎是有意要撞翻农夫的小船。

“让开，快点让开！”农夫大声地向对面的船吼叫道。“再不让开你的船就要撞上我的船了！”但农夫狂吼般的叫喊声完全没用，尽管农夫手忙脚乱地企图让开水道，但为时已晚，那只船还是重重地撞上了他的船。农夫被激怒了，他厉声斥责道：“你会不会驾船，这么宽的河面，你竟然撞到了我的船上?!”当农夫怒目审视对方小船时，他吃惊地发现，小船上空无一人。听他大呼小叫、厉言斥骂的只是一只挣脱了绳索、顺流而下的空船。

在多数情况下，当你责难、怒吼的时候，那个一再惹怒你的人，绝不会因为你的斥责而改变他的航向。当然，你完全不必转而去讨好这样一个人，也没必要和他达成一致意见，甚至你继续厌烦他也都无妨。但你一定要清楚，不能让他制造的麻烦转变成你的烦恼。无论你为此多么愤怒，他也不会为你而让步。如果因为他的过错而使你陷入无尽的烦闷悲伤之中，你就成了唯一受到伤害的人。

总是抱怨很不满的人，他们的生活是枯燥无味的，因为这些人只看到了自己的付出，而没有看到自己的所得，他们不知道满足。而不抱怨的人总是明白，得与失总是同时存在的，一想到自己在辛劳的同时也会有所收获，就会感到满足。

有一个大学毕业生带着自己精心制作的作品到一家广告公司面试。面试的人很多，等待的过程漫长而紧张，为缓解疲劳，这个人问广告公司的接待人员要了一杯温水。而接待人员在给他送水时不小心将杯子打翻了，水全都洒到了那张作品上。作品变得皱皱巴巴，原本鲜明的线条也变得模糊了。

这个大学毕业生一下子愣住了。该怎么办，这可是面试时要用到的作品，没有作品如何向考官解释他的创意和构思呢？他知道现在抱怨接待人员没有用，埋怨自己的运气不好更没用。稍微冷静了一下，他赶紧向接待人员借来了纸和笔。在有限的时间里，专心地用一张白纸将自己创作的作品简单地再描画了一遍，用另一张白纸将原作品被淋湿的事情大概地叙述了一下。接下来发生的故事就是，这个大学毕业生从众多的面试者中脱颖而出，被公司录用了。

有的人不如意时只会一味地抱怨，整天怨天尤人，无所事事；相反，有的人在不如意的时候却不烦躁，不抱怨，努力改变，这些人的心里时常装着希望。一个人没有进步和没有突破的原因不在别人，更不在于这个世界，而在于你能否有创造性地安排自己的生活方式。你若是不想做某事，就能找到一个借口，你若是想做某事，就会找到一个方法。就像故事中的这个大学毕业生，与其一味地抱怨那个接待人员，不如尝试着去，改变自己，改变现状，将生活变得快乐起来。

当你改变对生活的看法，怎么去做会更喜欢这多彩的生活？在改变中你会体验到乐趣，而且你会发现，当你抛开抱怨时，生活会变得顺利、有趣，定时扫除抱怨，你就会拥有创造力，获得聪明才智。

抱怨使机会远去

日本教育家福泽谕吉在他著名的《劝学篇》开篇就说过："天不生人上人，也不生人下人。"

上天对待每一个人都是公平的，不管你的手中是好牌还是坏牌，在给予机会的同时，都会给予同样的机遇。但是，那些机遇的到来并不是那么明朗，完全是在你不可预料的情况下意外出现的，这个时候，能否获得成功，关键就在于你捕捉机遇的能力了。

在社会中，总有那么一些人老是哀叹命运的不公，说上天没有赋予自己良好的发展机遇，总是在发牢骚，抱怨社会没有为他们提供相应的舞台，给他们以施展才华的机会。"怀才不遇"成了他们安于贫困的避风港。

从前，在一个小镇的教堂里有一个十分虔诚的神父，他信仰上帝，终生未娶,到了八十岁的高龄还是孤零零的一个人。上帝在天堂里看到了神父的所作所为,非常地感动。于是上帝打算报答神父。一天晚上,神父在梦境里看到上帝。上帝对他说:“我可爱的孩子,这么多年来你一直在教堂里陪伴我,让我非常地感动。所以我今天托梦给你,明天小镇上要发洪水,很多人都会淹死。你不必害怕,到时候我会去救你。”神父早上醒来,回忆着这个梦,心里十分地高兴。

这时候,一个警察来敲教堂的窗户,并且大声喊着:“神父,快跑啊,小镇上发大水了,再不逃跑就来不及了!”神父走到窗前看看:呦!果然,小镇的街道都被洪水淹了,洪水还在上涨。神父镇定地对警察说“你们先走吧。我要等上帝来救我!

警察差点没气趴下,一声不响地走了。洪水还在上涨,进入教堂了。神父就爬到了钟楼上。这时一艘汽艇开过来了,救援人员对着神父喊:“神父,你再不走,你就会被淹死了!”神父挥了挥手,说:“孩子,你们先走吧,上帝他老人家会来救我的!”

汽艇也走了。洪水越来越高,神父最后没有办法,爬到教堂顶上,抱着塔尖,摇摇欲坠。他四下拿眼一看,嗬——都是水,你说这上帝去哪了呢?这时候就看见一架直升机开过来了,敢情是搜救队搜寻最后的生存目标。老远飞机上就放下绳梯,飞机上的人对神父喊:“神父,抓住绳梯,跟我们走吧,上帝不会来了。”神父还是不走,最后被淹死了。

死后,神父的灵魂来到了天堂,看到了上帝。神父气坏了,问上帝:“你说过要去救我,怎么说话不算数?”上帝一听也发火了:“你说你怎么就那么笨呢?你说我在天上这么忙,没时间亲自去,就派了一个警察、一艘汽艇、一架直升飞机去救你,你还不走,你不是找死吗?”

机遇的每一次到来,都不会提前跟你打招呼,它总是悄悄地来,试图让你发现它、抓住它,如果你是有心人,就会理智地抓紧它;如果你总是抱怨,机遇即使在你面前,你也会视而不见,眼睁睁地看着它离去。生活中很多的人,对机遇总是抱着“守株待兔”的态度,等待不到就开始怨天尤人,哀叹自己是上帝的弃儿,但实际情况却是太多的机遇就在他们的抱怨声和等待中与他们擦肩而过、失之交臂。

古希腊哲学家苏格拉底的三个弟子曾躬身求教他——怎样才能找到理想的伴侣。苏格拉底没有直接回答,却让他们走麦田埂,只许前进,且只有一次机会选摘一枝最大的麦穗。第一个弟子没走几步,就看见一枝又大又漂亮的麦穗,高兴地摘下了。当他继续前进时,他发现前面有许多麦穗都比他摘的那枝大,却也只得遗憾地走完了全程。

第二个弟子吸取了上一个人的教训。每当他要摘麦穗时,总是提醒自己,后面还有更好的。当他快到终点时才发现,机会全错过了。第三个弟子吸取了前两位的教训。当他走了一小段路程时,对麦穗大致作出了大、中、小的区分;再走一小段路程,验证上述区分是否正确;然后就果断地选择了属于大的那一类中的一枝美丽的麦穗。虽然这不一定就是最大的麦穗,但也属于最大的麦穗之一。

故事中时间的长河是不可倒流的。也就是说,人生是没有回头路的,因为任何重新选择都要付出时间代价的。这其实是在浪费宝贵的生命,这种时间代价是没有收益的。当你仍在无休止地抱怨的同时,也许就与一些本该“唾手可得”的机会无缘了。

要充分利用我们身边的每一次机会,不然就会与机会擦肩而过。不管结果会怎样,至少我们已经努力去做了!

捞出被抱怨“污染”的心

抱怨已然成了一些人聊天的主要内容,恶劣的天气、越来越糟糕的交通状况、商场里拥挤的人群、银行里的长队、工作太累、待遇太少、感情的困扰、疾病的折磨、房子的问题、孩子的消费等等,都在抱怨之列。

可是这些抱怨有什么用呢?境况不会因为你的抱怨而有所改变,反而会让你的心情变得更加糟糕。如果你不小心踩在污水里,弄脏了你的鞋,也弄坏了你的心情,请你以最快的速度跳出来,洗净鞋子,同时也洗净心情。而不是一边洗鞋一边抱怨,鞋子洗干净了,心却一直留在糟糕的“污水”里。

何文强是一家汽车修理厂的修理工,从进厂的第一天,他就开始喋喋不休地抱怨。他会不停地向旁边的同事说:“修理工这活太脏了,瞧瞧我这衣服,好像从来没有洗过。”“天天都累死了,真羡慕人家天天坐办公室的人啊。”“我简直讨厌死这份工作了。”他总是认为自己在受煎熬,在像奴隶一样干活。因此,他每时每刻都窥视着师傅的一举一动,稍有空隙,他便偷懒耍滑,应付手中的工作。

几年过去了,当时与何文强一同进厂的3个工友,各自凭着精湛的手艺,或另谋高就,或被公司送进大学进修,独有何文强,仍旧在抱怨声中做他讨厌的修理工。

我们总是会碰上一些在生活中喜欢抱怨的人,他们要么怪环境条件不够好,要么怪他人有眼无珠,总之,牢骚一大堆,积怨满天飞。但是,他们又是最下不了决心改变现状的人,往往是一边抱怨一边做事。因为他们的心一直泡在污水里,使得做事也没有心情,结果是心情越来越差,做事的能力没有任何提高,抱怨的环境自然也没有改变。

其实,抱怨除了能让你发泄一时的怨气之外,对你的现状没有丝毫的改善。如果你能把抱怨的时间用来做事,那么你也许早就不用抱怨上天对你多么不公平,或者你的运气多么不好了。

有一位年轻的修女,进入修道院以后,就一直在从事织挂毯这项工作。她的工作就是用黄色的丝线编织、重复打结、剪断等几个基本的动作。做了几个星期之后,她厌倦了,开始抱怨自己的工作太枯燥乏味,简直让人发疯。

听见她的抱怨,在另一旁织毯的一位老修女说道:“孩子,你的工作并没有浪费,你织出的那很小一部分,其实是非常重要的一部分啊。”

老修女带她走到工作室的隔壁,在一幅摊开的挂毯面前——那是一幅美丽的“三王来朝图”说:“你看你织出来的那一部分正是圣婴头上的光环,对这幅画来说,它是多么重要啊!”

年轻的修女看呆了,原来她看起来是浪费且没有意义的工作,原来竟然是这么的伟大。

如果你想抱怨,生活中一切都会成为你抱怨的对象;如果你不抱怨,生活中的一切都不会让你抱怨。算一算你每天要把心泡在“污水”里多久吧,你是不是每天都在跟别人说这个城市的空气越来越差,生活在这样的环境里,你会短命好几年？你是不是每天下班回家就会把今天碰到的烦心事告诉你的每位亲人，而且要重复说好几遍？你最近在看一本畅销书，但是你觉得它写得很一般，然后就开始抱怨说："这样的书也能叫畅销书？封面如此难看，价格这么贵，买了真是上当了。"和朋友聚会回来后，你说："小丽胖得都变形了，小瑞说话太刻薄了，小梅讲的笑话一点都不好笑。"你看上了一条裙子，却由于自己身材的原因而不能穿，于是，你开始抱怨说："别人吃一火车都不胖，为什么自己看一眼巧克力就会长肉？"

你有那么多的事情要抱怨，恰恰是你的抱怨使你所处的状况越来越糟糕。你的工作没做好，上司自然会批评你。你不注意减肥，当然没有适合你的衣服。你不看天气预报，被雨淋了又能怪谁？更有不少人自命清高、眼高手低，动辄就感到被他人盘剥、替别人卖命，是别人赚钱的工具，把大好的光阴和大把精力都白白浪费在了抱怨上，最后无所作为又能怨得了谁呢？

当遇到问题或经受挫折的时候，你把你的注意点全都放在了抱怨上，你虽然能在短时期内有所发泄，但是你不知道它的恶劣后果。在工作中不断地抱怨，迟早会被老板炒鱿鱼；在朋友面前抱怨，他们早晚会对你敬而远之；在家人面前抱怨，他们迟早会感到失望，因为你让他们跟着你遭受了太多的不愉快。当然，你失去的也许比这还要多，诸如成功的机会、快乐的心情。

当你拿着画笔在纸上挥洒，也意味着这些印迹将永久地留下来。如果你对自己的作品不满意，就收起，或者扔掉，不要抱怨自己的失误，不要抱怨别人打搅了你的思维，更不要抱怨你因此而浪费了一张纸。如果你的心在抱怨的"污水"里泡得太久，就会喘不上气来，变得烦躁不安，再也没有心情去画画。

丢下你的抱怨积极前进

我们应当把抱怨收起来，因为我们抱怨不起。前面还有很多更重要的事等着我们去做！一个人能力是有大小的，但是，他完全有理由而且应该去做那些自已能够做、做得好的事。

克兰特斯林年轻的时候，一次在庭院中收拾草坪，连续好几次都无法将除草机成功启动，他开始不高兴地抱怨。父亲停了手中的工作，正色对他说："如果你觉得抱怨可以将机器启动，那就再大声一些抱怨。"

他一愣，听见父亲又说："做人做事都会遇到不如意的，如果抱怨就能解决你的现状，那每个人都可以安想太平，一味的抱怨除了事情没做好，心情也不好，还有什么好处给你？"

很多年过去了，克兰特斯林一直牢记着父亲的这句话，从未再对生活存在任何抱怨。相反，他总是以积极乐观的态度去迎接命运的每一次挑战，尽己所能地做好每一件事，从一个默默无闻的平民家庭走出，一步一步地成为商界中的翘楚。

事情已经发生，那么你能做的只有用你手里的力量努力解决，除此之外别无选择。抱怨有什么用？抱怨生烦恼，抱怨伤身心。从生理上说，抱怨使代谢紊乱，情绪烦躁，血压升高，食欲不振，对身体的损害是无疑的；从处事上论，抱怨令人思绪混乱，丧失冷静，考虑欠周，办事莽撞，时常说出不理智的话、办出不冷静的事来，损人不利己。

抱怨有什么用呢？不会因为你的抱怨，坏事就会变成一件好事；不会因为你的抱怨，就可以把讨厌的人换成你喜欢的人。客观的总是客观的，不会以你的主观意志为转移的。我们为什么老是跟自己过不去呢？我们为什么不想想我们怎么样在既定条件下发挥我们的主观能动性呢？生活中，这种不满情绪就像通往我们目的地的一大障碍，尽管你一个劲地抱怨："你怎么还不快走？""你怎么还在这？"现实依然不会改变。我们唯一能做的是放下抱怨，积极地去投入到自己的工作当中。真的金子，只要自己不把自己埋没，只要一心想着闪光，就总有闪光的那一天。

责任是成功的基石

责任不是一个甜美的字眼，而是具有岩石般的冷峻。一个人真正成为社会的一份子的时候，责任作为一份厚重的礼物便不知不觉地落到了你的肩上，它是一个你时时不得不付出一切去呵护的孩子，而它给你的，往往是灵魂和肉体的痛苦，这样的十字架我们又不得不去背负，因为没有人不渴望成功。

安娜在一家公司做助理，她的工作就是整理、撰写和打印一些材料。很多人都认为安娜的工作单调而乏味，她却不觉得，她总是说："检验工作的唯一标准就是你做得好不好,而不是别的。"

于是,安娜除了每天必做的工作之外,她还细心地搜集一些资料,甚至是很多过期的资料,她把这些资料整理分类,然后进行分析,写出建议。为此,她还查询了很多有关经营方面的书籍。

最后,她把打印好的分析结果和有关证明资料一并交给了老板。老板起初并没有在意,一次偶然的机会,他读到了安娜的这份建议。老板非常吃惊,这个年轻的助理居然有这样缜密的心思,而且她的分析井井有条,细致入微。后来,安娜的建议中很多条都被采纳了。

老板很欣慰,他觉得有这样的员工是他的骄傲。当然,安娜也得到了老板的奖励并被委以重任。安娜觉得没必要这样,因为,她觉得她只比正常的工作多做了一点点。但是,老板觉得她为公司做了很多很多……

一个人成功与否在于他是不是做什么都力求做到最好。成功者无论从事什么工作,都绝对不会轻率疏忽。因此,在工作中他会以更高的标准要求自己。能够做到最好,就必须做到最好,能够完成百分之百,就绝不只做百分之九十九。只要你把工作做得比别人更完美、更快、更准确,动用你的全部智能,就能引起他人的关注,实现你心中的愿望。

在一列高速行驶的火车上,一位孕妇临产,列车员广播通知紧急寻找妇产科医生。

这时,一位妇女站了出来,说她是妇产科的。女列车长赶紧将她带进用床单隔开的病房。毛巾、热水、剪刀、钳子都准备好了,只等最关键时候的到来。

产妇由于难产而非常痛苦地尖叫着,那位妇产科的妇女也跟着有些着急,她将列车长拉到产房外,说明产妇的紧急情况,并告诉列车长,其实她只是妇产科的护士,并且由于一次医疗事故已被医院开除。今天这个产妇情况不好,人命关天,她担心自己能力不够,建议立即送往医院抢救。

可是,此时的火车距最近的一站还要行驶一个多小时。列车长看着她的眼睛郑重地对她说:"你虽然只是护士,但在这趟列车上,你就是医生,你就是专家,我们相信你!"

列车长的话立刻感染了这位护士,她的自信心增强了,在走进临时产房前她问列车长:"如果万不得已发生紧急情况,是救大人还是保小孩。"

“我们相信你！”

护士明白了，她坚定地走进临时的产房，列车长在一旁轻轻地安慰产妇，说现在有一位专家正在给她做手术，请产妇安静下来好好配合。

出乎意料，那名护士几乎单独完成了她有生以来最为成功的手术，婴儿的啼哭声宣告了母子的平安。

那对母子是幸福的，因为遇到了热心人；那位护士是幸福的，她不仅挽救了两个生命，而且找回了自己的信心与尊严。

因为责任，因为信任，她由一个不合格的护士成为了一名最优秀的医生。

错误面前，勇敢承担

松下幸之助本来是个火气很大的领导者，他信奉一句话：“挨骂是进步的原动力。”就是这种想法，让他的下属们不知道多少次被愤怒的松下骂得个“狗血淋头”。每当他的员工做错事情的时候，最害怕见到的人就是松下幸之助。

不仅如此，就是松下幸之助本人如果犯了错误，就算是没有人能够惩罚他、追究他的责任，但他本人照样会按照公司的规章制度，自己对自己所犯的错误进行处罚，并承担相应的责任，而且是毫不客气、一点也不会手下留情。

在松下电器公司发展的早期阶段，有一次，分公司的一名员工在征得松下幸之助同意之后签订了一项销售业务合同，数目还很大。但是，货是顺利地送出去了，对方却因为资金周转困难而不能马上付款。这名员工觉得对方的信誉一向不错，又是多年的合作伙伴。虽然这次不守信用，但也算是情有可原，就同意先交货。没有想到的是，这家公司的经营出现了问题，导致债务缠身，随时可能宣布破产，根本拿不出钱来还清欠款。该员工十分着急，他多次前去催款，但都无果而终。随着时间的推移，这笔大额货款收回来的希望已经变得越来越渺茫了。最后，这笔货款还是没有收回来。

在公司的年终会议上，这笔烂账被重点提了出来。因为数目大的关系，这个员工所在的部门是无法盈亏平衡了。部门经理也无可奈何，只好如实地向松下幸之助做了汇报。大家都想着：这个年轻人这下可惨了，肯定要被松下幸之助狠狠地骂一顿了，或许还要扣除奖金和工资！可出人意料的是，松下幸之助居然没有发作，也没有在会议上点名批评。

这一下，公司员工们都纳闷了，大家都搞不明白为什么，这名员工更是惴惴不安，害怕等待自己的会是更严重的后果——被公司辞退。可是，什么也没有发生。部门经理坐不住了，他跑去问松下，是不是应该让自己或者那名年轻人受点处罚？不然怎么向公司交代啊！

结果，松下很认真地说："这笔业务，是我决定签下的。我作为领导者，对对方的经营情况了解得不够就做出了决策，出了问题就是我的责任。我对此觉得非常羞愧，已经反省过了。你说，我怎么还好意思去责怪那个只是执行者的年轻人呢？"部门经理听了后非常感动，对松下不推卸责任、不盲目责怪员工的作风十分钦佩。

从此之后，松下公司的员工们更加敢于放手去干，做事也更加卖力、更加用心了。

1835年，摩根先生听一位朋友讲，一家名叫伊特纳的火灾保险公司为了扩大自己的实力，宣布凡是加入公司的新股东，不需马上注入资金，只要在股东名册上签下自己的名字，就可以成为该公司的股东，而且很快就会有良好的收益。摩根先生毫不犹豫地就在那本股东名册上签下了他的名字，成为伊特纳火灾公司的一名股东。

天有不测风云。也就在那一年的冬天，纽约突发了一场特大火灾。伊特纳火灾保险公司的股东们一个个傻了眼，纷纷退股来挽回自己的损失。珍惜自己信誉的摩根先生再三斟酌，决定舍财保信誉。他卖掉了自己苦心经营多年的旅馆和酒店，低价收购了大家的股份。他又通过其他融资渠道，以最快的速度将15万美元的保险赔偿返还了投保人。一时间伊特纳火灾保险公司的声誉传遍了整个纽约城。

为了偿还赔偿金，摩根先生已经濒临破产，只剩下一个空壳般的保险公司，当然，摩根先生也成为这家公司最大的股东。他从朋友那里借钱，然后刊登广告：本公司为偿还保险金已经竭尽所能，从现在开始，再入本公司的投保人，保险金一律增加一倍。

第二天早晨，身上只有5美元的摩根先生拎着公文包上班。当走到公司所在的那条大街，只见那条大街被挤得水泄不通，许多前来投保的人挤在伊特纳火灾公司的大门口。大家可以想见，不久摩根先生就买回了原来的旅馆和酒店,还净赚了30万美元。

这位摩根先生就是主宰华尔街帝国的摩根先生的祖父，是美国亿万富翁摩根家族的创始人。一场突发的火灾曾使摩根先生濒临破产，同样也是这场火灾成就了一个家族的事业。

摩根先生在面对困境时,选择了敢做敢当,也就是因为如此反而为自己创造了一个经济帝国。

温哥华冬奥会开幕式上,有一个人所共知的败笔:火炬台的一根欢迎柱出现了故障，没有按照预先设定的方案竖起来，开幕式的点火仪式成了一个残缺的作品。

但3月1日这天的闭幕式让我们看到了另外一幕:

闭幕式的大幕徐徐拉开,火炬台依然以“残缺”的状态搭建着,开幕式上的“失误”就这样被组委会十分客观地摆在亿万观众眼前。

一个装扮成电工模样的小丑蹦跳着来到会场，径直来到那根没有竖起的欢迎柱前面。他装作检查的样子,憨态可掬地找到了故障原因,如释重负般将电源插好,拍拍手,开始试着将那根硕大的柱子费力地拉起来,欢迎柱缓缓竖了起来,慢慢和其他几根欢迎柱连在一起。

这时,速滑奥运冠军勒梅·多恩被小丑请出了场,她点燃了奥运火炬,奥运圣火熊熊燃烧起来。

开幕式上的错误,竟然以这样一种幽默的方式予以纠正。观众在大开眼界的一刹那,禁不住欢快地鼓起掌来。

人的一生中难免会犯错误,我们许多时候都想着如何回避错误,害怕承担嘲讽和责任。其实面对已成事实的错误，勇敢面对要比想方设法逃避更能彰显一个人的成熟和魅力。

工作中我们难免会犯很多错误,有些员工勇敢地对老板说:“对不起,这是我的错,我没有把工作做好。”他们也许会受到责罚,但他们的内心是平静的,因为他们已经为自己的过错付出了代价。也有很多人想法设法逃避责任,将过失推卸给其他人，这种态度非常不好。

有时，很多员工都会倾向于寻找各种借口来推卸责任，例如："我没有足够的时间"，"我们的资源有限"，"进度表安排得太紧了"，"那不属于我的工作范围"，"我事先不知道"，"竞争对手比我们更强大"等等。无论措词如何，他们都是在竭力解释"为什么这件事没有完成"，而不是"我还可以做些什么"。

的确，人们几乎每天都由于老板的摆布、竞争者的咄咄相逼、同事的算计等各种原因而受到伤害。当他们没有多少控制能力时，麻烦势必会出现。有时，的确有一些事情不应该发生在他们身上，因为这并不是他们的过错，也不需要为之负责。但最糟糕的是，如果人们因为觉得无能为力而什么都不做，同时还指责他人该为自己的惨况负责，他们就永远无法进步。

在职场中，勇于承认错误，会让人们更加相信你、拥护你。因为，只有勇敢承认自己的错误，才是有责任感。这样的的人才能成为擎起世界的人。

也许你由于害怕老板的责罚而隐瞒错误，推卸责任。但责任是不可推卸的，否则你会为自己的行为感到羞耻、内疚与不安，你的良心将代替老板惩罚你。不要害怕说"这是我的错"。事实上，这句话会使你付出的代价最小。

卢梭是法国著名的革命家、哲学家。但是他小时候做过一件令他十分懊悔的事情。卢梭为了生存，经人介绍，在一个有钱人家里打工。一天，这家的女主人去世了，家里非常混乱。卢梭乘机偷偷拿了这家小姐的一条绣带。谁也没有看到。卢梭当时只是觉得好玩才拿的，也没有怎么特意藏起来，不久就被发现了。老管家把卢梭叫到跟前，拿着那条绣带问卢梭："这条绣带是哪里来的？"

卢梭当时非常紧张，支支吾吾了半天，说："是马里翁送给我的。"

马里翁是家里的厨娘，比卢梭大几岁，不但人长得漂亮，而且乖巧、谦虚、诚实。大家都很喜欢她。听说是马里翁偷了绣带，大家都不相信。

于是，管家又把那个姑娘叫来，让她和卢梭当面对质。卢梭由于做贼心虚，指着马里翁抢先大声地说："就是她！是她把那个东西送给我的。"

姑娘吃惊地瞪大眼睛看着卢梭，好半天才说："不是的，管家。我根本不知道这件事。我也没见过这条绣带。"

卢梭仍然硬着头皮说："你撒谎，就是你送给我的。"

姑娘用一双无辜的眼睛看着卢梭，说："卢梭，求你说实话，可不要因为一条绣带断送了我的前途啊！"

卢梭虽然知道这样诬陷他人是不对的,可是又不好意思反悔,只好继续很无耻地指控那位姑娘。

姑娘很气愤,对卢梭说:“卢梭,我原来以为你是个好人,想不到你是个爱撒谎的坏孩子。我看错你了。”

她转过头去,继续为自己辩解,再没有搭理卢梭。因为她不屑于和这样不诚实的人争论。

由于卢梭和马里翁都不承认是自己偷拿了绣带,管家只好把两个人都辞退了,并且说:“撒谎者的良心会惩罚罪人的。它是会为无辜的人找回公道的。”

老管家的预言果然没有落空,卢梭从此受到了来自良心的强烈谴责。他时常会想起那双无辜而善良的眼睛。一想到由于自己的不诚实,她丢掉工作,白白顶上小偷的罪名,并且很难再得到他人的信任,找到合适的工作,卢梭就有说不出的难过,好像千万只小虫子在咬他的心一样。

卢梭没有勇气承认自己的错误,反而错上加错,诬陷了善良无辜的马里翁。他逃脱了法律的制裁,却没有逃脱良心的谴责。卢梭终生都得承受着这种痛苦。如果再给卢梭一次机会,他一定会毫不犹豫地对老管家说:“对不起,先生,是我拿的。这是我的错,这件事情与马里翁无关。”

卢梭的经历清楚地告诉我们,不要试图逃避错误、推卸责任,否则良心将会惩罚你。40年后,卢梭把这件事写到了他的名著《忏悔录》里,以此来警醒人们,做错了事情一定要勇敢地承认并承担责任。否则,你将永远为自己的罪行忏悔,遭受良心的谴责。

有时候我们做错了事情,你可以选择主动承认错误或者沉默。承认意味着接受老板的责罚;沉默意味着逃脱责任。勇敢地面对错误,不要害怕说“这是我的错”。有些不负责任的员工在事情出现问题时,首先考虑的不是自身的原因,而是把问题归罪于外界或者他人。

勇于承担责任,这也是优秀员工和平庸员工的差别。勇于承担责任是人的一种品质,也是身在职场生存的基本条件。无论职位高低、能力大小,还是身在何种性质的企业,不管岗位职责管理幅度宽窄,必须立足本职,独当一面,肩负起应有的责任,对得起那份薪水和良知。

1932年的诺贝尔医学奖得主、生理学家谢灵顿，曾经是一名街头恶少。他出生于英国伦敦的贫民淫窟，幼年时失去父母爱，从小沾染上各种恶习，以致周围的人都说他“不是好种”，许多人见了他都“退避三舍”，他自己也不以为意，无悔改之心。

有段时间他对一位挤牛奶的女工生成爱慕之心，并贸然向她求婚，遭到严词拒绝，这位女工对他说：“我宁愿跳落泰晤士河淹死，也不会嫁给你！”他被这位女工大骂之后头脑竟然清醒了，他毅然离开伦敦，一改过去的恶习，发奋攻读，研究中枢神经系统生理学，取得重大的成就，赢得世人的敬重。

承认错误、勇于改过，也是员工对工作有正确认识的行为。我们要工作，不能不面对各种困扰、疑虑和错失等等，逃避？那不是彻底解决问题的好方法，只有正确面对、承认这些矛盾，找出积极的解决办法，才会鼓起勇气更好地生活下去。有信心的人是幸福的，因为他已经克服了所遇到的困难。

每个人都会犯错误，犯错误不可怕，可怕的是找各种借口理由推卸，不敢承认，并养成习惯，成为一种习惯性思维定式、行为定式，更为可怕。不知不觉，身在其中没有意识到更麻烦。犯错后关键找到问题根源所在，解决问题，使同样的错误不再重复地犯，《论语》说：“不迁怒，不贰过。”

无论是做管理者还是普通员工，勇于担当，对企业、对客户、对社会负责任，做有价值的事，做有价值的人。

一个敢于承认错误、承担责任的人，就拥有了至高无上的灵魂和坚不可摧的力量。当一个人承担一份责任的时候，实际上，他就给自己提供了一个提高的机会。

第八章 反躬自省让牌局更精彩

每个人都会犯错误,都有瑕疵,失败者面对错误与不足选择逃避并以怒火相对。成功者面对失败以自省相对,并以感恩之心警醒改正,继续向着更好的道路而去。成败在此时已立见分晓……

自省是一种智慧

自省是一种力量,更是一种虚怀若谷的智慧,它不但能够改变一个人的命运和机缘,更能使人达到一个更高层次的境界。我国古时候的先贤就非常懂得自省,孔子教导弟子说:“君子求诸己,小人求诸人。”即君子事事严格要求自己,小人事事严格要求别人。

有那么一只小鸟,老是不断地搬家。但是不知道为什么,每次新窝住了没多久,它就感觉总有一种浓烈的怪味,让它喘不上气来。不得已的情况之下,它只好一直搬家。然而就算不停的搬家,这个问题还是一直困扰着它,于是它就把自己的烦恼告诉了一只经验丰富的老鸟。老鸟说:“你搬了这么多次家根本没有用啊,因为那种让你困扰的怪味并不是从窝里面发出来的,而是你自己身上的味道啊。”

这就像我们现实中的人类一样,有些人总是不断地埋怨别人的过错,指责别人的缺点,他们觉得周围的环境和人处处跟自己作对;还有人总是认为自己“曲高和寡”,一般人无法理解自己丰富而深刻的思想。实际上,他们并没有意识到真正的问题不是来自周围.而是来自他们自己本身。像这样的人,必须试着认清自己,认真而深刻地反省自己,只有学会反省,人才能提升本身的境界。

巴拿马总统里卡多从2009年7月上任以来,一直觉得自己国家的护照不够精致,决定要对其进行一次大整改。

2010年5月,里卡多下令重新设计护照的图案和颜色,并由其亲自审批。历经两个月,巴拿马的国家护照管理局终于按总统的意思,设计并制作了几本护照样品,上交到总统府。这几份色彩光鲜、做工精细的护照样品,很快博得了里卡多的赞赏,他要求护照管理局用最快的速度印制投用。

转眼几个月过去。10月3日这天,稍有点空闲的里卡多又把那几本护照样品从抽屉取出来欣赏。突然,他发现护照上有一个非常细微的错误:巴拿马的国徽中有一个十字叉是铁锹和丁字镐,然而这些护照上所印的,却是铁锹和长柄方锤。

国徽出错,对于一个国家来说简直是奇耻大辱,里卡多决定要为自己所犯的这个失误负责。他先是要求护照管理局立即更正,并用最快的速度赶制新护照,同时,要求护照管理局统计出了这些护照的使用数量,竟然高达4万份。这就意味着,由于总统的大意,已经有4万个人拿着这些连国徽都出了差错的护照,在世界各地遭受着他人的耻笑。

里卡多要求护照管理局用最快的速度把这4万个人的名字打印出来,他要在第二天发表电视讲话,向这4万个人道歉。

10月4日晚上7点,里卡多准时走上演讲台,他先是介绍了道歉缘由,然后,开始念名字。

5分钟过去了,里卡多在念名字;半个小时过去了,里卡多依旧在念名字;90分钟过去,他们的总统里卡多,还在一个一个地念着那些名字。

电视机前的巴拿马民众困惑了,难道总统真要把这4万个名字全念完,那得要念多久?有不少人打电话给总统府和电视台询问这件事情,他们从工作人员那里得到这样的答复:以平均每个名字花3秒钟计算,总统要念完4万个名字最起码要花掉33个小时,加上中间可能有两次短暂的睡觉,再加上用来上厕所和吃饭的时间,这场电视道歉将会持续50个小时。

用50个小时向4万个人道歉?所有人都震惊了。

没有人再去计较总统究竟犯了什么错,没有人再去计较护照上的国徽出差错问题到底有多严重,没有人再去计较总统究竟是在向谁道歉,为了总统的身体,他们打来电话,阻止总统继续道歉下去。

里卡多没有停止。3个小时后,已经是半夜10点钟了,里卡多还继续在电视里一个一个地念着名字，他的电视道歉，感动了整个巴拿马，甚至感动了身在国外的巴拿马人，他们纷纷从海外各地打越洋电话回国，劝总统停止道歉。里卡多这样回答他们："如果连具体名字都不念，那还谈什么尊重与道歉呢？如果连一个道歉都无法具体地落实到每一个人的身上，那还指望我为你们落实什么呢？如果我连为自己承担错误都做不到，谁还能指望我来为这个国家承担些什么呢？"

晚上10点50分，在道歉进行了将近4个小时的时候，有一位海外巴拿马人在电话里说："总统先生，如果你对民众的建议如此不在意，我们还能指望你今后能听取我们什么建议呢？"

里卡多这才有所顾忌似的抬起头来，对着与电话连线的麦克风问："你们真的可以原谅我所犯的这个过失？"

电话连线那端的听众肯定地回答说："总统先生，我们原谅你。"

这一句话，让全国上下一片沸腾，所有电视机前的普通百姓，他们不管总统能不能听见，纷纷大声喊道："总统先生，我们原谅你。"直到这时，总统才停了下来，他向着镜头鞠了一个躬，说了一声"谢谢我可爱的巴拿马民众"，随后走下了讲台……

孟子也提出："爱人不亲，反其仁；治人不治，反其智；礼人不答，反其敬。行有不得者，皆反求诸己。"意思是说，我爱别人而别人不亲近我，应该反问自己的仁爱之心够不够；我管理别人而未能管理好，就应该反问自己的知识能力够不够；我礼貌待人而得不到回应，就要反问自己的态度够不够恭敬；任何行为得不到预期效果，都应该反躬自问，好好检查自己。

我们可以看到，凡是力求上进的人都是重视自省的。因为他们知道，自省是认识自己、改正错误、提高自己的有效途径，自省使人格不断趋于完善，让人走向成熟。只有善于发现并且敢于承认自己的过失，才可以进一步纠正过失。人往往看不到自己的短处，很多缺点都是通过旁人的指出才得以知道。这就要求我们有一颗平常心来对待别人善意的规劝和指责，反省自己的过失。俗话说"忠言逆耳利于行"，那些逆耳忠言常常能照亮我们不易察觉的另一面。

有一次，魏征在上朝的时候，跟唐太宗争得面红耳赤。唐太宗实在听不下去，想要发作，又怕在大臣面前丢了自己接受意见的好名声，只好勉强忍住。

退朝以后，他憋了一肚子气回到内宫，见了他的妻子长孙皇后，气冲冲地说："总有一天，我要杀死这个乡巴佬！"

长孙皇后很少见太宗发那么大的火，问他说："不知道陛下想杀哪一个？"

唐太宗说："还不是那个魏征！他总是当着大家的面侮辱我，叫我实在忍受不了！"

长孙皇后听了，一声不吭，回到自己的内室，换了一套朝见的礼服，向太宗下拜。

唐太宗惊奇地问道："你这是干什么？"

长孙皇后说："我听说英明的天子才有正直的大臣，现在魏征这样正直，正说明陛下的英明，我怎么能不向陛下祝贺呢！"

这一番话就像一盆清凉的水，把太宗满腔怒火浇熄了。

公元643年，直言敢谏的魏征病死了。唐太宗很难过，他流着眼泪说："一个人用铜作镜子，可以照见衣帽是不是穿戴得端正；用历史作镜子，可以看到国家兴亡的原因；用人作镜子，可以发现自己做得对不对。魏征一死，我就少了一面好镜子了。"

唐太宗李世民的一面镜子是宰相魏征，得益于这位忠臣的当面进谏，唐太宗改正了自己的许多缺点，明白了治国之道，迎来了国家的空前繁荣。这个辉煌业绩的取得，不仅得益于魏征的敢于直言，更应归功于李世民的善于自省，能够听取他人意见。

如果他是一个听不进意见的昏君，魏征可能早就人头落地了。正是他在听了魏征的谏言之后，能够认真地检讨自己、反省自身，使得表面上听起来很刺耳的意见变成了治国安邦的金玉良言，而李世民的人格也因此变得崇高。

"人非圣贤，孰能无过？过而能改，善莫大焉。"因此，我们每天都应该自省。

自省是一次自我解剖的痛苦过程，需要巨大的勇气。认识到自己的错误或许不难，但要用一颗坦诚的心去面对它，却不是一件容易的事。懂得自省，是大智；敢于自省，则是大勇。只要"坦荡胸怀对日月"，心地光明磊落，自省的勇气就会倍增。

古人云："君子之过也，如日月之食焉。过也，人皆见之；更也，人皆仰之。"这句话的意思是：日蚀过后，太阳更加灿烂辉煌；月蚀复明，月亮更加皎洁明媚。君子的过错就像日蚀和月蚀,人人都看得见,但是改过之后,会得到人们更崇高的尊敬。

自省是自我完善的过程,是治愈错误的良药,是一道清泉,将我们思想中浅薄、浮躁、消沉、阴险、自满、狂傲等污垢涤荡干净,重现清新、昂扬、雄浑和高雅的旋律,让生命之树焕发蓬勃生机。

人都不可能十全十美,总有个性上的缺陷、智慧上的不足,而年轻人更缺乏社会历练,因此常会说错话、做错事、得罪人;现实中很多人是只说好话,看到你做错事、说错话、得罪人也故意不说,因此这就更需要你通过反省来了解自己的所作所为。荀子说:"君子博学而日常省乎己,则知明而行无过矣。"有一种教育就叫自我反省。

多一些自省就多一些快乐

一位哲学家在海边休假的时候目睹了一艘轮船遇难。船上的水手和乘客全部溺毙了。于是哲学家就痛骂上苍的不公道,只是因为一位罪犯正好乘坐这条船,竟然让众多的无辜者受害。

正当哲学家陷入这种思绪之际,他发觉自己被一大群蚂蚁围住,原来他站的位置距离蚂蚁窝不远。这时,突然有一只小蚂蚁爬到了他的身上,并叮了他一下,他就立刻把那只蚂蚁碾死,并用脚踩死了旁边所有的蚂蚁。

就在他踩死蚂蚁的时候,天神现身了,并用手中的拐杖敲打着哲学家的脑袋,说道:"你既然以类似上苍的方式对待那些可怜的蚂蚁,那么你又有什么资格去批判上苍的行为呢?"

我们的周围总是存在这样一些人,当评判别人的事情的时候,总是慷慨激昂,头头是道,教导别人不应该这样做,不应该那样做。然而一旦他自己身陷其中,身份由旁观者变成当事人的时候,往往就没有了标准,而让自己烦躁异常,满心烈火。

古时候齐国有个美男子叫邹忌,他自以为是天下第一美,并且得到妻妾的赞美,等到见到真正的美男子徐公的时候,他才发现自己差远了。由此,他发现了自己的盲区,并由此推断世人受蒙蔽的事太多,特别是至高无上的齐王,更是受蒙蔽之深，因而劝谏齐王纳谏，最终齐王成为了史上最有自知之明的人。

邹忌是个善于自省的人，同时也因为他的自省而为自己的人生带来了不一样的高度。但是，现实生活中有些人并不能如邹忌一般，一旦在生活中遇到挫折和失败等不如意时，心情就会很不好，习惯了抱怨社会的不公和命运不佳，认为是社会有问题、同事有问题、单位领导有问题，而把这种失败的心情归咎于同学、朋友等外在因素。又在为自己的失败找一个堂而皇之的借口：假如我有钱……假如我从小……假如我早一点……假如我最初……假如……

他们在面对生活的失败时，总习惯在他人或社会身上找原因，结果呢？他们会发现自己的周围，每时每刻都在诞生比自己更成功的人、更快乐的人。而自己呢？只有越来越不幸福。

生活中，凡是拥有成功、保持快乐的人，大都有一个共同点，那就是：善于自省。其实，要想轻松、快乐地获得成功很容易，那就是少抱怨别人和社会，多检查、改造自己。

一位年轻人去看医生，抱怨生活无趣和永无休止的工作压力，心灵好像已经麻木了。诊断后，医生证明他身体毫无问题，却觉察到他内心深处有问题。

医生问年轻人："你最喜欢哪个地方？"

"不知道！"

"小时候你最喜欢做什么事？"医生接着问。

"我最喜欢海边。"年轻人回答。

医生于是说："拿这三个处方，到海边去，你必须在早上9点、中午12点和下午3点分别打开这三个处方。你必须同意遵照处方，除非时间到了，不得打开。"

这位年轻人身心俱疲地拿着处方来到了海边。

他抵达时刚好接近早上9点，独自一人，没有收音机、电话。他赶紧打开处方，上面写道："专心倾听。"

他开始用耳朵去倾听，不久就听到以往从未听见的声音。他听到波浪声，听到不同的海鸟叫声，听到沙蟹的爬动，甚至听到海风低诉。一个崭新、令人迷恋的世界向他展开双手，让他整个安静下来，他开始沉思、放松。

中午时分他已陶醉其中，他很不情愿地打开第二个处方，上面写道："回想。"于是他回想起儿时在海滨嬉戏，与家人一起拾贝壳的情景……怀旧之情汩汩而来。

近下午3点时，他正沉醉在尘封的往事中，温暖与喜悦的感受，使他不愿去打开最后一张处方。但他还是拆开了："回顾你的动机。"这是最困难的部分，亦是整个"治疗"的重心。

他开始反省，浏览生活工作中的每件事、每一状况、每一个人。他很痛苦地发现他很自私，他从未超越自我，从未认同更高尚的目标、更纯正的动机。他发现了造成疲倦、无聊、空虚、压力的原因。

自省是一种能力，自省能力好的人表现为意志力强、个性独立、有自己内在世界观、喜欢独处、追求自己的兴趣、显得有自信、穿着有自己的风格、能独立完成研究主题。而自省能力差的人自我价值感很低、不知道自己的人生目标、不太留意自己日常的感觉、时常担心亲近的人会不喜欢自己、不喜欢一个人生活、有时会有虚无感、觉得没有真正活着、经常为一些小事不安。

一个女子总看见对面楼那家人晒的衣服没洗干净，就常和来她家的朋友说起，一次、两次、三次，她的朋友就找来一块抹布把她家的玻璃窗擦干净，她眼睛一亮，原来是自家的玻璃窗脏啊。

遇到问题先从自己身上找原因，是自己的心灵有污点，心胸不够宽广，所以才总挑剔别人的缺点，修炼自我，提升自我，完善自我，生活也会变得少一些不必要的烦恼。

一个常常自我反省的人，不仅能增强自己的理智，而且肯定能知道什么是自己该做的，什么是自己不该做的。自省能让我们内在的世界更加充满光明，自省是我们走向成功的基石。

懂得自省才有未来

人生于天地之间，谁也不可能不犯错误。走错了路，能够自觉改正错误，重新做人，把才能用到正道上，再加上锲而不舍地努力与奋斗，这样的人一定会有一个光明的未来。

《世说新语》里有个故事：戴渊年轻时，很豪爽，为人侠义，只是一开始没有走正道。他曾经在长江、淮河间当强盗，专门袭击、抢劫那些过路的商人和旅客。有一次，大学问家陆机度假后回洛阳，行李很多，戴渊便指使一班年轻人去抢劫。他在岸上，坐在马上指挥手下的人，安排得头头是道。戴渊原本风度仪态挺拔不凡，虽然是处理抢劫这种事，神气仍旧与众不同，很有大将风度。陆机看在眼里，喜在心上，他在船舱里远远地对戴渊说："你有这样的才能，完全可以报效国家，建立一番功勋，为什么要做强盗呢？"戴渊见陆机这样说，再看他气质高雅，不是一般的平民百姓，就和陆机坐下来交谈。结果，陆机一番言辞，让戴渊茅塞顿开，感动得热泪盈眶。他便扔掉利剑，投靠了陆机，和陆机成为了好朋友。再后来陆机给戴渊写了封推荐信。戴渊为国出力，最终官做到征西将军。

懂得自省的人才会有未来。这是一种非常难得的精神品质。一个人要想不庸庸碌碌地过一生，自身的努力固然重要，但更重要的是要懂得自省，勇于自省，凡事能从自己的身上寻找缺点，时时刻刻保持一分清醒。古人说，自知者智，自明者强。一个强者，不是说他有多聪明，而是他非常地清醒，有自知之明，不自大、不狂傲，无论做什么事情都不怨天尤人、找各种理由，而是能够反躬自身，从自己的身上找缺点，这一点说起来容易做起来难，不是谁都可以做到的。

善于自我批评

古人说："物有所不足，智有所不明。"优点与缺点共生，正确与错误共存，乃是事物的辩证法。我们的人生是通过批评与自我批评，在不断地改正缺点、纠正错误中前进的。拿破仑被放逐到圣海伦岛时说："我的失败完全是自己的责任，不能怪罪任何人。我最大的敌人就是自己，这也是造成我的悲惨命运的主因。"

有一位深谙自我管理艺术的人物，他的名字是豪威尔。他受的正式教育很有限，在乡下小店当过店员，当过美国钢铁公司信用部经理，曾担任美国商业信托银行董事长。

豪威尔说："几年来，我一直有个记事本，记录一天有哪些约会？家人从不指望我周末会在家，因为他知道，我常把周末晚上留作自我省察、评估我在这一周的工作表现。晚餐后，我独自一人打开记事本，回顾一周所有的面谈、讨论及会议过程。我自问：'我当时做错了什么？有什么是正确的？我还能干什么来改进自己的工作？我能从这次经验中吸取什么教训？这种每周的自我检讨，有时弄得我很不开心；有时我也几乎不敢相信自己的莽撞。当然，年龄渐增，这种情况越来越少，我得一直保持这种自己分析检讨的习惯，他对我的帮助非常巨大。'"

豪威尔的这种做法可能是向富兰克林学习的，不过富兰克林并不等到周末，他每晚都自我反省，他发现有十三项问题非常严重，其中三项是：浪费时间、关心琐事、与人争论。睿智的富兰克林知道，不改正这些缺点，是成不了大业的。所以他一周要定一个改进缺点的目标，并每天记录做到了哪些？下一周，他在努力改进另一个坏习惯，他一直与自己的缺点斗争。难怪富兰克林会成为受人爱戴、极具影响力的人物。

诗人惠特曼曾说："你以为只能向仰慕你、喜欢你、赞同你的人学习吗？从反对你的人、批评你的人那儿，不是可以得到更多的教训吗？"与其等待敌人来攻击我们或我们的工作，倒不如自己动手。

我们可以是自己最严苛的批评家，在别人抓到我们的弱点之前，我们应该自己认清并处理这些弱点。达尔文就是这样的人，也是这样做的。当达尔文完成其不朽巨著《物种起源》时，他已经意识到，这一革命性的学说一定会震撼整个宗教界及学术界。因此，他主动开始自我评论并耗时15年，不断查证资料，向自己的理论挑战，批评自己所下的结论。

不该遗忘的自省

自省，是一种人生境界。生命中总是有太多的失败，你如果无法学会自省，或是将其遗忘，那必然一事无成。可以这么说，只有拿起了自省这面镜子，才可能最终走向成功。

自古以来,但凡在事业上有所建树的人都未将自省遗忘,也正因如此他们才获得了成功,被世人所铭记。让我们顺着历史的长河逆流而上,去探寻那一段段流传至今的故事吧。

春秋时的孔子,是我国古代最伟大的教育家。他曾说过:“吾日三省吾身。”这里的“省”可译为自省,意思是“我每天要多次反省我自己”。通过自省,他认识到了自己的不足,于是说出了“三人行,必有我师焉”的千古名句,他吸取他人的长处与优点,改正自己的不足与缺点,几十年如一日,终于大有作为,创办了儒家学派。他所宣传的那种“仁”的儒家思想也被封建统治者所接受,影响了一代又一代的中国人,即便是当今也有许多值得借鉴的地方。可以说,正是自省这面镜子成就了孔子的伟大,正是因为孔子没有遗忘自省,所以他才取得了如此大的成就,被世人所铭记。

夏朝时候,一个背叛的诸侯有扈氏率兵入侵,夏禹派他的儿子伯启抵抗,结果伯启被打败了。他的部下很不服气,要求继续进攻,但是伯启说:“不必了,我的兵比他多,地也比他大,却被他打败了,这一定是我的德行不如他,带兵方法不如他的缘故。从今天起,我一定要努力改正过来才行。”

从此以后,伯启每天很早便起床办公,粗茶淡饭,照顾百姓,任用有才干的人,尊敬有品德的人。过了一年,有扈氏知道了,不但不敢再来侵犯,反而自动投降了。

由此我们可以看出,假如遇到失败或挫折的时候,能够像伯启一样深刻地反省自己,肯虚心地检讨自己,马上改正有缺失的地方,那么最后的成功一定会出现在我们面前

拿破仑曾说过:“人生之光荣,不在永不失败,而在能屡仆屡起。”没错,人生中没有失败是不可能的,但失败后能屡仆屡起靠的是什么?是自省啊!只有自省才能避免再次犯同样的错误,可是在当今社会,依旧保留着自省这面镜子的人又有多少呢?屈指可数!而这些屈指可数的人早已成为各行各业的精英之士,这还不足以说明自省的重要性吗?

在反思中走向成功

自省就是自我反省,自我提高。懂得自省的人才能跟上时代的步伐、不断成长,并且更容易得到他人的信任。

自省拯救了微软。1995 年,Internet 浪潮方兴未艾。面对 Internet 的诱惑与挑战,一位微软公司的董事曾就公司的 Internet 策略问题垂询比尔·盖茨的意见:“我们为什么不多做一些与 Internet 相关的工作呢?”当时,比尔·盖茨用近乎揶揄的口吻回答说:“这是一个多么愚蠢的建议呀!Internet 的所有东西都是免费的,没有人能赚到钱。”但当比尔·盖茨宣布微软不会涉足 Internet 领域后,许多员工提出了尖锐的反对意见。不少员工直接发信给比尔说,这是一个错误的决定。

当比尔·盖茨意识到自己的决定并没有得到大多数人支持后,他花了大量时间重新认识和理解 Internet 产业,最终,他承认自己此前的决定是武断的和错误的。为了扭转公司的方向,比尔·盖茨亲自撰写了《互联网浪潮》这篇著名的文章。同时,他把许多优秀员工调到 Internet 部门,也因此取消和削减了许多与 Internet 无关的产品。那些曾经直言劝谏的员工不但没有受到处分,而且还被委以重任,逐渐成为公司重要部门的管理者。结果,微软公司很快成了 Internet 领域的领跑者。

在瞬息万变的软件行业里,自省的精神、直接的沟通、宽大的胸怀以及自我修正的魄力可以让我们临危不乱——从这个意义上说,正是自省拯救了微软公司。

中国传统哲学一向强调自省的精神。孔子说:“见贤思齐焉,见不贤而内自省也。”这句话的意思是说,看到别人的优点,就要设法使自己也具有同样的优点,看到别人的缺点,就要反思自己,看自己是否也存在类似的缺点。曾子说:“吾日三省吾身。”这也是要求我们经常反思自己,并从反思中获取前进的力量。

自省就是自我反省、自我提高,懂得自省的人才能跟上时代的步伐。在当今科技迅猛发展的年代里,每个人都不可能永远不犯错误,因此,及时的自省和自我批评往往是纠正自身错误、实现快速转型的关键所在。

在快节奏的信息社会中，一个人如果不能及时察觉自身缺点，不能用最快的速度纠正自己的发展方向，必然会在学业和事业中落伍，被无情的人才竞争所淘汰。懂得自省的人才能不断成长。如果经常在反省中扪心自问：自己是一个怎样的人？哪些东西对自己最为重要？自己能否把每一件事做得更好？这样的心路历程将会成为一个人在成长过程中审视自己的价值观、质疑自己的思路和锻炼自己的判断力的最好方法。经过了这种方法的考验，一个人会变得更强大、更自信，他的人生目标也会更加明确。从某种意义上说，有过深刻自省经验的人是在潜移默化中让自己的身心接受了一次智慧与道德的洗礼，在一系列类似的洗礼之后，他已经发生了脱胎换骨的变化，这种变化可以驱使他用更加坚定的步伐走向成功，也可以为他带来更多的幸福与快乐。

懂得自省的人更容易得到他人的信任，更容易赢得真正的朋友；反之，不懂得自省、不知道承认错误的人既无法得到他人的谅解，也无法让自己真正融入到团队之中。即使将这样的道理放大到国与国的关系上，它也仍然成立。例如，德国与日本都曾在第二次世界大战时侵略过其他国家和民族。二战之后，德国以彻底反省和积极谋求和解的态度赢得了世界舆论的普遍支持。德国总理施罗德在布痕瓦尔德集中营解放60周年的纪念活动上强调，德国负有道义与政治责任，要铭记这段历史，永不遗忘，绝不允许历史悲剧重演。他说，德国已经认识到"以小心谨慎和自我批评的态度对待自己的历史，不会失去朋友，反而会赢得朋友"。与此形成鲜明对比的是，日本在处理二战遗留问题时总是不能正确对待和缺乏诚意，其做法伤害了许多亚洲国家的民族感情，无法得到受害国人民的真正谅解。

处理国际关系如此，处理人际关系也一样。面对一个自认为一贯正确、永不犯错的人，你能够轻易相信他吗？你愿意把自己的未来托付给他吗？你会结交这样的朋友吗？当这种人犯了一个错误却始终拿不出反省的诚意时，你能相信他今后不会再犯错误吗？如果你曾在失败面前迷失了方向，如果你不知道如何获得继续前行的动力，建议你花一些时间，培养自省的态度和勇气，在反思中重新认识自己，在反思中寻求进步的动力。

净化自己的心灵

亚里士多德说："未经反省的人生是没有价值的。"儒家的反省文化十分丰富。作为孔子晚年的学生，曾子主张："吾日三省吾身，为人谋而不忠乎？与朋友交而不信乎？传不习乎？"即每天多次反省：为别人出主意做事情，是否尽心竭力了？和朋友交往，是否真诚讲信用？对所学的知识，是否温习了？

从曾子的主张可以看出，他将日常行事与自己的身心联系起来了。孟子曾经赞许曾子"守约"，即凡事内心能有一种坚持，而不是随着外面的是非跑。

儒者主张从天子到庶人都要修身，这就隐喻没有天生的圣人，也没有一贯正确的人，所以人随时需要自省。面对纷繁复杂的现代生活，每天反省一下一天之所为，则能清清朗朗不虚度人生。佛家用"觉照"来形容智慧的打开，自省即是类似"觉照"的功夫。自省是自我清洁，也是自我提升，如灯光照亮黑暗，清水涤净积尘。

通过"日省"可以建立自省习惯。《中庸》说"尊德性而道问学"，德性再高也要返归日常以问学自鉴。"致广大而尽精微"，广大与精微是同在的，不能因宏阔而失于细微。"极高明而道中庸"，再高明也要回到日常中正的轨道上来。养成自省习惯可以避免自我膨胀。这说明我们外在再怎么成功和被尊崇也要回归平常，回归自省。

人的个性不同，缺失也不同，所以日常反省的主要方面也不一样。儒者主张形成个人自省的主要方面，如曾子的主要方面是：受人之托，忠人之事；与人交往，信用为先；所学加以实践，才对得起老师也对得起自己。不然学它何用？这三个方面贯穿的是一个"诚"字。这些都是做的功夫，不可轻视。做了，身心就会起变化。

自省之后，还要善于清理心理垃圾。如古人抚弄琴瑟有化滞去淤的作用，每天给自己的心灵洗个澡，也许梦都会是平静的。

古人以抚琴净化心灵，今人净化自省的形式更多样，重在内涵，不求形式只要达到净化心灵的目的就是矣，使心境归于平和、平静，获得真正的人生智慧。

第九章 专注于一,激情不灭

成就一番事业,实现人生价值,是一切有志者的追求。专注就是一条走向成功的重要通道。古罗马政治家西塞罗说:“任凭怎样脆弱的人,只要把全部的精力倾注在唯一的目的上,必能使之有所成就。”因为充满热爱,所以有了激情;因为无尽的激情,所以专注;因为专注所以打出了人生最好的牌。

专注是成功的秘诀

“生意成功的秘诀是什么?”有一次,美国著名航运公司威力斯的老板科尼利厄斯·范德比尔特被一个朋友追问。“秘诀?根本就没有什么秘诀!”这位航运公司老板回答说,“你所要做的就是专注于你的生意,并且勇往直前。”

20岁左右的时候,初出茅庐的他指着一幅最美丽的画作呼喊:“哦,上帝啊,如果我也能像这样在画布上实现自己的梦想该多好!”画的主人大声说:“画布上的梦想!你一定要知道,必须经过成千上万次的练习,才有可能将你的梦想展现在画布上。要想达到卓越,只有一个方法,那就是不懈地努力。”

弗朗西斯·培根记下了这句话,后来,他成为20世纪英国唯一的一位享誉国际且具影响力的画家。

伟人的座右铭常常能使我们稍稍了解一些他们的性格和成功的秘密。“工作!工作!工作!”是画家弗朗西斯·培根以及许多其他留名青史之人的座右铭。

物理学家安培一天傍晚在街上散步,忽然他脑子里考虑到一个题目,就向前面一块“黑板”走去,随手从口袋里掏出粉笔头,在“黑板”上演算起来。可是,“黑板”一下子挪动了地方,而安培的演算题还没有做完,他不知不觉地追随在“黑板”的后面计算。“黑板”越走越快,安培觉得追不上了,这时候他看见街上的人都朝他哈哈大笑,他才发现那块会走动的“黑板”原来是一辆黑色的马车车厢的背面。

专注是一滴露,从一而终,做事情要认真,心无旁骛,管他是与非、对与错,只要身在其中,便要走出一个春露秋霜来。但令人烦忧的是:现在生活中,许多人无法专注。做事业的,总是要盼望自己的臣民们能够一人多才,修理完机器,你还要会布置会场;做学问的,守着电脑,刚想阅读一篇文从字顺的好文章,QQ 响个不停,电话铃声也接踵而至,约会、宴会与一系列的流程占据了你的半壁江山……

一位农场主巡视谷仓时,不慎将一只名贵的手表遗失在谷仓里。他遍寻不获,便定下赏价,承诺谁能找到手表,就给他 50 美元。人们在重赏之下,都卖力地四处翻找,可是谷仓内到处都是成堆的谷粒,要在这当中找寻一只小小的手表,谈何容易。许多人一直忙到太阳下山,仍一无所获,只好放弃了 50 美元的诱惑而回家了。仓库里只剩下一个贫困的小孩,他仍不死心,希望能在天完全黑下来之前找到它,以换得赏金。谷仓中慢慢变得漆黑,小孩虽然害怕,仍不愿放弃,不停地摸索着,突然他发现在人声安静下来之后,有一个奇特的声音。那声音滴答、滴答不停地响着,小孩顿时停下所有的动作,谷仓内更安静了,滴答声也变得十分清晰,是手表的声音。终于,小孩循着声音,在漆黑的大谷仓中找到了那只名贵的手表。这个小孩成功的法则其实很简单:专注地对待一件事,你总会打开成功的门栓。

专注你所要做的事情是成功的第一大要素,人只要善于克制自己,把精力投入到工作和学习中去,完成自己的职责,才有成功的希望。

法国作家莫泊桑,很小便表现出了出众的聪明才智。一天,莫泊桑跟舅父去拜访他的好友——著名作家福楼拜。舅父想推荐福楼拜做莫泊桑的文学导师。可是,莫泊桑却骄傲地问福楼拜究竟会些什么?福楼拜反问莫泊桑会些什么?莫泊桑得意地说:“我什么都会,只要你知道的,我都会。”

福楼拜不慌不忙地说:“那好,你就先跟我说说你每天的学习情况吧。”莫泊桑自信地说:“我上午用两个小时来读书写作,用另两个小时来弹钢琴,下午则用一个小时向邻居学习修理汽车,用三个小时来练习踢足球,晚上,我会去烧烤店学习怎样制作烧鹅，星期天则去乡下种菜。”说完后，莫泊桑得意地反问道：“福楼拜先生，您每天的工作情况又是怎样的呢？”

福楼拜笑了笑说：“我每天上午用四个小时来读书写作，下午用四个小时来读书写作，晚上，我还会用四个小时来读书写作。”莫泊桑不解地问：“难道您就不会别的了吗？”福楼拜没有回答，而是接着问：“你究竟有什么特长，比如有哪样事情你做得特别好的？”这下，莫泊桑答不上来了。于是他便问福楼拜：“那么，您的特长又是什么呢？”福楼拜说：“写作。”

原来特长便是专心地做一件事情。莫泊桑下决心拜福楼拜为文学导师，一心一意地读书写作，最终取得了丰硕的成果。

王羲之在绍兴兰亭“临池学书”，苦练了20年。由于他经常在池里洗笔刷砚，竟把池里的水染黑了。有一次，他的儿子王献之问他写字的秘诀，他指着家里的十八口水缸说：“你把这十八口缸里的水写完，就知道写字的秘诀了。”王献之真的把十八口缸水写完了，果真也成为了大书法家。

其实每个人，都想拼搏出自己的天地，不过很多人在很多方面抱怨上天不公，为什么他人就那么好运？难道是注定的吗？而自己却一直处于原地不动的状态？不是的。别人比你用上十倍或百倍的努力来争取的成果，并不是靠运气那么简单的。上天很公平的，它给了你机遇，是你没有揪住，没有把握好，在这个社会当中，竞争力只要敢于尝试、拼搏、努力、奋斗，才有可能踏上胜利之途。

专注让你走得更远

“只有偏执狂才能成功。”说得正是专注精神。当你找到自己的兴趣和热爱之后，就需要专注。不管你从事怎样的行业，最终成功的人都具备一种特质，那就是专注。

许多年前，一个小男孩儿进入了著名的哈罗公校，被插进了一个高于他年龄的班级。那里其他的孩子都比他多上了几年学，他的老师常常责备他，认为他很迟钝。他虽经最大努力都没能摆脱他在班级最后一名的位置。最后,这个男孩儿开始学习其他孩子曾学过的初级课本。他把所有玩耍的时间和许多睡觉的时间都用来掌握这些书上的基本原理,他很快就在班级里名列前茅,并最终成为哈罗学校的骄傲。

那个男孩儿就是后来的英国著名语言学家威廉·琼斯爵士,欧洲最伟大的东方学学者。他的雕像至今还立于圣保罗大教堂。

一旦你找到了自己的所爱,就要学会专注。因为,只有专注的人才能飞得更高,走得更远。

万科在成立之初,涉及的行业非常多,除了经营进口的电器、仪器产品,同时还搞服装厂、手表厂、饮料厂、印刷厂等。用王石的话来说,后来万科进军房地产行业,开始专注房地产开发,然后又剔除其他产品,专门做高端住宅项目,如别墅的开发,可以说,万科的发展历程是一个不断做减法的过程。正因为专注,如今万科成为中国房地产的龙头企业,极有可能成为世界最伟大的企业之一。

专注的精神往往并不是属于那些聪明人,反而属于那些在别人眼中看起来“固执”“有点傻”“比较笨”的人。有的聪明人拥有的能量是10,他将这能量分散在多个领域,每个领域他都能赚到钱,但每个领域投入的能量都不超过5;而我们大家认为比较笨的人,或许能量只有8,但聚焦在一个领域反而会有好的发展。

春秋时,吴国和越国世代为仇。有次越军大败,越王勾践向吴国求和,并答应了吴王的苛刻要求:越王去吴国侍候吴王。勾践来到吴国,小心谨慎地侍候吴王,三年后才被释放回国。为雪此大恨,他刻苦自励,锻炼斗志,睡的是柴草,饭前睡前都要尝一尝苦胆,还制定了一系列的复国计划。不出十年,越国终于强大起来,一举灭掉了吴国。

很多企业在招聘的时候,不喜欢那种每个行业都干却都干不长的人,原因在于这样的从业经历缺乏专业的累积,这样的人也比较浮躁,缺少一颗沉得下来学习和努力的心。有的大学毕业生,5年中干过10个行业,基本一无所成,只积累了每个行业不成功的经验,表面看起来丰富,实则空虚。

吴昊,大专毕业三年,学的是汽车维修与机械原理专业。刚毕业时,他想找一份与专业相关的职业,但由于当地汽车行业不是很发达,他只在一个规模不大的修理厂找到一份汽车维修的工作。可因为汽车维修活又脏又累,再加上大学里学到的理论多于实践,对于汽车维修他并不真正擅长。吴昊觉得这份工作毫无前途,没过多久就辞职不干了。之后,身边的朋友都说干保险好,于是他就跟着朋友跨入了推销保险的行业。但真入行了才发现,保险并不像想象中那么好做。吴昊性格内向,不善与人打交道,每次推销时总是疙疙瘩瘩,几个月下来,业绩毫无起色,再加上家人反对,他又放弃了这份职业。两次就业不成功让吴昊有些气馁,他一气之下窝在家里不出门。一年多过去了,吴昊决定再找工作,尽管一再放低要求,可他在其他行业没有相关经验,再加上面试时口拙,导致求职屡屡失败。

成功者往往具有一种专注精神。因为他们深深知道,在社会分工越来越细的今天,没有一个人可以做到行行通、样样精。要想在当今社会中有所建树,必须要专注于一行一职,也就是把自己的精力、时间和所能调动的一切资源,都投入到所选择的事业中,去创造尽可能大的成绩。而有些人则想法太多、目标分散,总是一心多用、左顾右盼,因为不专注,所以力量无法凝聚,从而也就无法在本职工作上取得成绩。一旦在竞争中落后或者一输再输,最终只能被淘汰出局。

1999年,26岁的陈天桥与弟弟陈大年在上海浦东新区科学院专家楼里的一套三室一厅的屋子里创立了盛大网络,并推出网络虚拟社区"天堂归谷"。2000年的时候,盛大网络获得了中华网300万美元的注资。这时候的陈天桥,总是"善于"发现新的赚钱机会,于是很快,盛大广泛涉足了网上互动娱乐社区的开发经营、即时通讯软件的开发和服务以及网上动画、漫画。这时候,盛大网络进入了迷茫而无序的发展状态。

在功成名就之后,陈天桥告诉前来取经的创业者:"当你认准一个方向的时候全力以赴,只有专注的企业才能成功,多元化的企业可以存活但是很难成功。”而这正是他有切肤之痛的经验之谈：“一个创业企业往往都会有自己的灵感和自己的方向，我相信他们应该对未来充满信心的，但我觉得他们最容易犯的一个错误，也就是我犯的错误，就是所谓的一上来对整个战术执行的时候多元化或者摇摆不定，他不能够专注地在某一点上进行突破。”

有人曾说：“5 年中只干过 1 个行业，结果就成为了这个行业的精英人士，现在的工作收入是第一份工作收入的 10 倍。一个人在一个行业干了 3 年能成为骨干，干了 5 年能成为精英，干了 10 年就能成为专家。”是的，从以上的案例中我们不难得出一个结果：这就是专注的力量。

在今天这个信息更新快速、科技不断进步的时代，一个专业足够一个人奋斗一生，只有深耕在一个行业中，不断学习、努力的人对行业才会有透彻的见解和有所作为，这样的人令人敬佩和推崇，能从茫茫的竞争者中脱颖而出，成为行业的领军人物。

无论你聪不聪明，世事无捷径，所有的大事都是朝着一个方向踏踏实实、一点一点干出来的。做你所爱，爱你所做，你就能逆袭成功。

专心于一，生巧成精

许多人一生什么都想做，最终什么都没做好，岁月蹉跎而过，后悔也无济于事。

现代社会充满竞争，平凡的人成功和聪慧的人失败并不少见。那些看似平淡无奇的人往往有着顽强的毅力，他们做任何事都抱定决心，专心致志地做下去，即使遇到挫折也坚定地朝自己的目标走去。而那些聪明却不坚定的人，没有一个明确的目标和方向，到处打游击，分散精力，白白浪费自己的时间和才华。这就是成功者和失败者之间最大的差别。

有人请教牛顿在数学和物理方面取得巨大成就的秘诀。牛顿说：“心无旁骛。”专注是做一切事情成功的关键。在工作中，当我们接受任务，确定目标之后，就应该集中精力为目标的实现而努力工作。只有这样，我们才能尽快实现目标，完成任务。爱迪生说：“假如你早上 7 点起床，晚上 11 点睡觉，你做事就做了整整 16 个小时。对大多数人而言，他们肯定是一直在做一些事，唯一的问题是，他们做很多很多事，而我只做一件。”

当然，一个人在创业初期有多个目标并不是坏事。但经过一段时间的摸索后，你必须确定一个适合自己发展的目标，并为它付出自己全部的努力。只有这样，你才能像乘风破浪的卫星导航船一样，最终驶向所要达到的港口。

美国一名体育教练曾经说过："不管是不是从事竞赛的人，大多数都是不愿意付出太多的吝啬鬼；他们经常都会有所保留，因为他们不愿将自己百分之百地投入比赛之中，所以他们的潜力也不能完全发挥出来。"

拿订书针做例子，订书针是工作中常用到的办公用具，上百张纸摞在一起，连锋利的刀也不容易一次性穿过，为什么那短短细细、看起来一点也不坚硬的订书针，居然能够一下子穿透？真正的原因是，它能把所有的力量都集中在两个点上，垂直用力。有很多看起来很聪明的人，忙忙碌碌的地同时做很多事情，看起来好像他们能力很强。可是往往到最后，这些人并不能真正做成什么事。反而，这世上有许多人，看起来很弱，也没什么了不得的才能，却能成就伟大的事业。这些都是因为他们能像订书针一样，认清目标，集中全力，不彷徨，不迟疑，奋斗到底。

著名的数学家阿基米德，在罗马军队进攻叙拉古斯国时，他运用自己的智慧帮助守城。他设计制造的滑轮铁链的抓钩，把罗马船队的船只一条条抓到半空中摔下来，跌得粉碎。

阿基米德的智慧使叙拉古斯城陷落推迟了三年。后来，同于城里的人疏忽大意，放松了警惕，罗马军队乘机悄悄翻过城墙，打开了城门。

敌人冲进城，喊杀之声惊天动地。阿基米德没有逃，他的研究工作还没做完，坐在那里专心致志地画圆圈，计算着深奥的数学问题。一个喝得醉醺醺的罗马士兵持刀向他奔来时，阿基米德这才抬起头来说："我的朋友，在你杀死我以前，让我先画完这个圈圈吧。"可是，那个罗马士兵根本不管，举刀向他砍去。

老数学家躺在血泊里，最后用微弱的声音说："好吧，你们夺去了我的身体，可是我将带走我的心。"

圣·里奥纳多在一次给福韦尔·柏克斯顿爵士的信中谈到他的学习方法，并解释自己成功的秘密。他说："开始学法律时，我决心吸收每一点有用的知识，并使之同化为自己的一部分。在一件事没有充分了解清楚之前，我绝不会开始学习另一件事情。”

专心致志、心无旁骛，是阿基米德成为古希腊著名数学家的重要原因。而那些能够在事业上取得卓越成就的人无一不是做事十分认真投入的人。

伊格诺蒂乌斯·劳拉有一句名言：“一次做好一件事情的人比同时涉猎多个领域的人要好得多。”一个人的精力是有限的，在太多的领域内都付出努力，我们就难免会分散精力，阻碍进步，最终一无所成。

如果一个人过于努力想把所有事情都做好，那他就会一事无成。有时候，能做成事反而会耽误事。

一个人之所以取得成功，是因为他专注于一个目标，并坚持不懈；而一个人之所以失败，主要是因为他的三心二意，不能专注于一个目标。

一个人吃苦耐劳，初中毕业后就去东莞一家家具厂打工，他从事的是很少有人愿意做的喷漆工作；另一个人害怕吃苦，初中毕业后也到了同一家工厂打工，他选择的是工作相对轻松的保安。

半年后，喷漆工一如既往地做好自己的工作，而保安却经历了无数变迁。他嫌工资低，于是辞职到另一家工厂做保安，结果还不如之前的工作；接着他又投奔深圳的朋友去了，还是没能找到既能轻松挣钱，自己也喜欢的工作。

有了这些经历后，当初的保安强烈地意识到给人打工永远不能挣大钱，他由此萌生了当老板的念头，并毅然辞职回了家。回家后，他拿着仅有的积蓄做起了小生意，却血本无归，于是他再次决定去打工。

转眼五年过去了，当初的喷漆工已多年媳妇熬成婆，被工厂老板派到越南开发市场，月薪 8000 元人民币。虽然当初的保安也不再是保安，但他一事无成，仍然无法安定下来。

研究发现：人们一旦专注某种事物，就会将自己有限的资源投入这种事物，对于别的事物则不会产生兴趣，从而节约了时间和精力。这种专注能够让人的思维处于连续的工作中，积极地思考必将取得好的结果。同时，专注会蓄积人全身的热忱，人的思维和行动会变得积极而迅速。

成功者都相信热诚的力量，如果要挑出一个与成功绝不可分的信念，那就是完全的投入。各行各业中的佼佼者，不一定都是最聪明、最优秀的，但一定都是最投入的。

一个人专注一件事，最后全世界可能都会专注他；一个人专注全世界，最后全世界可能都会舍弃他。这“一件事”的选择是至关重要的。当你选择好属于自己的“一件事”时，就应该全身心地投入到你要做的事上去。

美国政治家亨利·克莱曾说：“遇到重要的事情，我不知道别人会有什么反应，但我每次都会全身心地投入其中，根本不会去注意身外的世界。那一刻，时间、环境、周围的人，我都感觉不到他们的存在。”只要你渴望赢得属于你的人生，那就学会专心于一，在熟能生巧中走向精通。

明朝万历年间，中国北方的女真为患。皇帝为了要抗御强敌，决心整修万里长城。当时号称天下第一关的山海关，却早已年久失修，其中“天下第一关”的题字中的“一”字，已经脱落多时。万历皇帝募集各地书法名家，希望恢复山海关的本来面貌。各地名士闻讯，纷纷前来挥毫，但是依旧没有一人的字能够表达天下第一关的原味。皇帝于是再下昭告，只要能够雀屏中选的，就能够获得最大的重赏。经过严格的筛选，最后中选的，竟是山海关旁一家客栈的店小二，真是跌破大家的眼镜。

在题字当天，会场被挤得水泄不通，官家也早就备妥了笔墨纸砚，等后店小二前来挥毫。只见主角抬头看着山海关的牌楼，舍弃了狼豪大笔不用，拿起一块抹布往砚台里一沾，大喝一声“一”，十分干净利落，立刻出现绝妙的一字。旁观者莫不给予惊叹的掌声。有人好奇地问他成功的秘诀。他被问之后，久久无法回答。后来勉强答道：“其实，我想不出有什么秘诀，我只是在这里当了三十多年的店小二，每当我在擦桌子时，我就望着牌楼上的“一”字，一挥一擦就这样而已。

原来这位店小二的工作地点，正好面对山海关的城门，每当他弯下腰，拿起抹布清理桌上的油污之际，刚好这个视角，正对准“天下第一关”的“一”字。因此，他不由自主地天天看、天天擦，数十年如一日，久而久之，就熟能生巧、巧而精通，这就是他能够把这个“一”字临摹到炉火纯青、惟妙惟肖的原因。

其实，这个有趣的故事，正是反映一个颠扑不破的道理：专注造就完美，熟练才能精通。

陈尧咨擅长射箭，当时世上没有人能和他相比，他也凭此常常自夸。一次，他曾在自家的园圃里射箭,有个卖油的老翁放下挑着的担子,站在一旁,不在意地斜着眼看他,久久地不离去。老翁见到陈尧咨射出的箭十支能中八九支,只不过微微地点点头。

陈尧咨问道:“你也会射箭吗?我射箭的本领不精湛吗?”老翁说:“没有什么别的奥秘,只不过是手熟罢了。”陈尧咨听后愤愤地说:“你怎么敢轻视我射箭的武艺!”老翁说:“凭着我倒油的经验就可懂得这个道理。”于是老翁取过一个葫芦立放在地上,用铜钱盖在它的口上,慢慢地用勺子把油倒进葫芦,油从铜钱的孔中注进去,却不沾湿铜钱。老人说:“我这点手艺也没有什么别的奥秘,只是手熟罢了。”陈尧咨见此,只好笑着将老翁打发走了。

举凡一些在各行各业出类拔萃的顶尖人士,尽管这些顶尖人物优点不一而足,成就也在不同领域开花结果。他们却都有一个共通也是最基本的特点:热忱、专注与精通。因为热忱,所以能够投入强大的动力与能量;因为专注,才能心无旁骛、勇往直前;也更因为热忱与专注,才能达到专业与精通的境界。从这一刻起,让我们都开始整理自己心中的纷乱事物,然后朝着一个方向拼搏!

成功因为热爱

跟成功人士对话,最大的感触就是能从他们身上汲取些正能量,也能从他们的奋斗足迹中学到很多东西。

古人说兴趣是成功的开端,做任何事情只要感兴趣,最终变成了你的最爱,那么你会手不释你的最爱,最终成为这方面的专家。热爱为我们提供无穷动力。

世上无难事,只怕有心人。很多人就喜欢看到成功,不知道光鲜亮丽的背后有多少艰辛,如何坚守乃至成功。只有靠着那一份热爱,才能等到成功的那一天。

伟大的音乐家贝多芬,在他进入晚年后,他双耳失聪,这对于一位从事音乐创作的人来说是多么沉重的打击,可是贝多芬却没有在挫折面前退缩,他怀揣着对音乐的热爱,勇往直前,他用以更铁棒的精神支撑自己的身体与钢琴之间,完成了一部部举世闻名的作品,其中《月光曲》为世人所熟知。

热爱,正是这份热爱,使贝多芬成就了自己的辉煌人生,在音乐史上留下了自己的痕迹。

海伦·凯勒,从小因病而失去光明,也失去了像常人一样正常行走的能力。这无疑让她的创作之路变得愈加艰险。但是由于海伦·凯勒对写作的无限热爱,使她在一次次挫折面前,有了更大的动力,推动她在艰难之路上不断前行,最终她所著的《假如给我三天光明》一书感动了家人,也感动了世界,使她的写作生涯走向了辉煌。

热爱是什么?热爱是一种信念,热爱是一种勇气,热爱是一种力量,热爱是一种坚韧,热爱是一种奉献,热爱是一种豪情,热爱是一种智慧……热爱是背着我们的行囊,一路陪伴着我们艰难跋涉的智者;热爱是陪伴着我们战胜惊涛骇浪,一路扬帆远航驶向理想彼岸的海风;热爱是曲曲折折人生之路上的一首诗,激励着我们不畏挫折、勇敢前行……热爱是沙漠中的一块绿洲,是高山上的一股清泉,是海洋中的那一簇簇海藻,是缠绕在乔木上的那一条条藤萝……热爱虽然不是我们人生的目的,但它是成就伟岸人生的必经之路,是生命旅途中的加油站。

运动员科比·布莱恩特从小在父亲的影响下喜欢上了篮球,梦想着有一天自己能站在 NBA 的赛场上去展示自己,带着这样的梦想与热爱,他开始拼命地练习投篮,加强体能训练。在高中毕业后,他如愿进入了 NBA,并且数次带领球队闯入总决赛,并最终获得总冠军,当科比回首自己的篮球之路时,他说:"一切的成功都源于我对篮球的无限热爱,是热爱给我勇气去战胜困难,是热爱给我灵感,使我在篮球场上自如发挥。

因为热爱,所以执着;因为热爱,所以无惧;因为热爱,所以成功。

英国史学家卡莱尔在 40 岁时费尽上半生心血写成了一部《法国大革命史》,于是他兴奋地把稿子交给了已颇具盛名的哲学家和经济学家穆勒阅读,并请他指教。穆勒花了整整4天的时间,将全书仔细地阅读了一遍,觉得这是一本了不起的著作。当他读完最后一页,抑制不住内心的激动,将书稿放在椅子上,走出书房,来到花坛,思考该如何用自己的影响力,将这部伟大的著作尽快地向世人推荐,以引起关注。没想到就在此时,一阵风将书稿吹落了一地,不巧前来送甜点的女佣看到散落满地的书稿,以为是被主人丢弃的废纸,便将它们捡起并顺手将其投在了火炉里!卡莱尔的这些心血顷刻之间化为灰烬,这真是历史和命运给他开了一个特大的玩笑!由于当时只有这一份原始手稿,这就意味着卡莱尔必须重新再写。卡莱尔凭着高涨的激情和顽强的毅力,重新振作起来,他对自己说:"这一切仿佛我把笔记簿给老师批改时,老师说'你得重做'一样……"

第二天,卡莱尔就买了一大包纸,认真开始了他的《法国大革命史》写作,今天人们见到的《法国大革命史》是卡莱尔重写的那部。同时,《法国大革命史》写作的主要特色是卡莱尔能以诗人的观察和热情,把活跃在大革命中的人物写活了。

"接受已经发生的,改变可以改变的"。卡莱尔正是这种睿智的人生态度和炙热的人生追求,最终成为了一位伟大的历史学家。如果没有一股激情和热爱,只有痛苦和悔恨,卡莱尔是不会有这种动力和意志去完成这部不朽的鸿篇巨著,也就永远不会走向成功的。

小树无惧风雨终成参天巨树,只因他热爱清爽的蓝天,小溪无惧路途坎坷终于掀起拍案惊涛,只因他对大海的热爱。

成功需要激情

人人羡慕成功,追求成功,渴望成功。成功是有方法和诀窍的。成功除了目标计划、选择定位、努力拼搏、不断付出外,成功也离不开激情的帮助。热情是世界上最大的财富。它的潜在价值远远超过金钱与权势。热情摧毁偏见与敌意,摒弃懒惰,扫除障碍。

1953年9月26日,徐悲鸿因脑溢血病逝,享年58岁。按照徐悲鸿的愿望,夫人廖静文女士将他的作品1200余件,他一生节衣缩食收藏的唐、宋、元、明、清及近代著名书画家的作品1200余件——图书、画册、碑帖等1万余件,全部捐献给国家。次年,位于北京市西城区新街口北大街53号的徐悲鸿故居被辟为徐悲鸿纪念馆,集中保存展出其作品,周恩来总理亲自题写"悲鸿故居"扁额。

伟大画家徐悲鸿的每一句话及每一幅作品都闪耀着激情的光芒,虽然他一生在事业和家庭上经历了无数的坎坷和磨难,但对艺术的痴情、热爱和执着丝毫不减。在战争年代,他为了保护这些艺术珍品,不惜付出一切代价,将珍藏的艺术品视同于生命,甚至高出了生命。正因为如此,徐悲鸿在自己短暂而辉煌的人生中创造了不朽的功绩,他的名字和成就永远载入世界艺术的史册。

一个普通的中国人李阳凭着他对英语的理解和激情,掀起了"疯狂英语"的旋风,为很多人找到了学习英语的最佳方法,解决了很多中国人懂英语但不会说英语的难题。"疯狂"只是一种学习方法和表现的状态,"疯狂"固然狂热,但这需要的是一种火热的激情,而且这种激情还需要长久的维持,才能达到理想的效果。李阳正是凭着这种"疯狂"的教学方法而得到社会的广泛认可,取得了巨大的成功。

有一个成功公式是:成功=激情×能力×方法,对影响成功的几个因素投入力度不同,成功的结果会有很大差别。100%成功=100%激情×100%能力×100%方法,而80%激情×80%能力×80%方法=51.2%成功(只能有一半的成功几率),50%激情×50%能力×50%方法=12.5%成功(半心半意几乎不能成功)。可见,成功需要在其他因素匹配的情况下具备100%的激情。

无独有偶,日本四大"经营之神"目前唯一健在的稻盛和夫在谈及决定人生和工作成果的因素时,也总结出了一个公式:事业和人生的成功=思维方式(人格理念、人生价值)×热情(热爱和激情)×能力。从这个公式里可以看出,在追求人生的成果及成功的路上,热情(热爱和激情)是如此的重要。这里的热情是指员工对企业及工作目标的热爱、执着、追求、努力、奉献,直至献身精神,没有这种精神,成功是不会长久的,企业是难以壮大的,企业精神也是很难凝聚和塑造的。

干任何事情都需要有一股劲、有一种精神,这种精神和劲头往往从激情中体现出来,有了激情,人生就有了更多的梦想、更多的热爱、更多的追求、更多的故事、更多的结果、更多的精彩。

像谈恋爱一般地去工作生活

希腊人死了,他们不悲哀,只问一句:“此人生前有没有热情?”潜台词或许是,如果没有热情,活着跟死了差不多;如果有过热情,他的生命就是精彩的,死而无憾。

女大学生劳拉说她是通过热情赢得目前这个工作的。劳拉从秘书学校毕业出来,想找一份医生秘书的工作,由于她缺少这方面的工作经验,面试了好几次都没有成功。

于是,她开始运用热情原则,在面试的途中,她给自己打气说:“我要得到这个工作。”她说:“我懂这个工作,我是一个勤快而自律的人,我能够做好这个工作,医生将会视我为不可缺少的人。”劳拉一再对自己重复这些话,她充满信心地走进办公室,并且热忱地回答医生的问题,医生也就雇用了她,几个月以后医生告诉她,当他看到她的申请上写着没有任何经验的时候,他决定不用她,只是给她一次礼貌谈话而已。但是她的热情使他觉得应该试用她看看。她把热情带进了工作,从而成为一名很出色的医生秘书。

这个职场励志故事告诉我们:一个内心充满热情的人,会将眼前的工作看成是一项神圣的天职,并怀着深切的兴趣。对自己的工作充满热情的人,不论工作有多么困难,或需要多大的训练,会始终如一地用不急不躁的态度去进行。只要抱着这种态度,任何人都会达到目标。

有一位已失去传道热情的牧师,夜里做了一个梦,梦到自己被带到天堂,接受他一生为上帝工作的赏赐。

刚开始有个天使送来一个华丽灿烂的冠冕,上面镶满了珍珠宝玉,旁边的天使长说:“拿错了,这是20年前为他预备的,那时候他拼命为信仰作见证,可惜不一会工夫，他就冷淡退却了，所以要换一个次等的冠冕。”

不一会工夫，换来一个次等的冠冕，虽然没有头一个那么华丽，他还是觉得不错。然而天使长又说：“你们还是拿错了，这是10年前为他预备的，不幸世上的欲望和引诱迷住了他，使他成了一个不冷不热的人，再去换一个吧。”

于是再换来一个，上面一粒珠宝都没有，毫无光彩。

这位牧师惊醒过来，原来是南柯一梦，从那时候起，他勤奋传道，立志要讨上帝的喜悦，成了最热心的传道之人。

每个人都得面临着这样一个严肃的事实：从此你必须长期地、努力地为生活而工作。如果你所从事的工作你并不喜欢，那这份工作将成为你的负担，长期下去将使你心情压抑，工作与生活没有积极性和主动性，甚至身心疲惫，失去对自己的工作与生活的激情。

其实，不仅仅只有你面对这样的问题，许多成功人士也面对过同样的问题，但是，他们却有着自己的秘诀：和工作谈恋爱。很多人生活上处处不开心，工作没有取得业绩，就是因为他们犯了一个错误：没有和他的工作谈恋爱。

一位婚恋专家曾经说过这样一段话：妻子绝不会有错，如果妻子有错，一定是我看错；如果我没有看错，一定是因为我的错，才害妻子犯错；如果是妻子自己的错，只要她不认错，那就是我的错；如果妻子不认错，即使她有错，那仍然是我的错。总之，妻子绝不会有错。

同样的道理，你完全可以把“妻子”换成工作，这个道理依然讲得通。如果你用对待恋人或妻子的态度来对待你所面对的工作，你始终会对人生充满激情，你一定能够把你的家庭、你的工作都做到最好。不过，和生活谈恋爱不能只是一句口号，而是要落实在行动当中的。

柳青供职于一家金融担保公司，在三年的工作中，凭着自己对工作的热爱和努力的付出，她晋升为本部门的主管，由于她总能认真倾听同事的想法，了解部下所关心的事情，并领导她的部门出色地完成每一项任务，她的部门赢得了好评，成为全公司公认的、可以委以重任的团队。

与此相反，三楼有一个运营部门，人数众多，绩效却不理想，他们与柳青的团队形成了鲜明的对比，因此成为大家批评的焦点。为了能让公司有一个全面的改观，老板决定提升柳青为三楼的业务经理。几个星期后，柳青慎重而又很不情愿地接受了提升，虽然公司对她接手三楼寄予厚望，她却是硬着头皮接受了这份工作。工作的开展自然十分艰难，但是，柳青迅速调整心态，把对这份工作的厌恶转变成了爱，同时，她的这种积极的情绪深深地影响了员工，在这种精神的支持和鼓舞下，柳青所在的部门迅速改变，并最终成为公司的典范。

俗话说："选择你所爱的，爱你所选择的。"作为一个员工，柳青让自己爱上自己选择和接受的工作，通过自己的努力，不仅为公司做出不可估量的贡献，也为自己的职业生涯写下了光辉的一笔。

其实，即便是你选择了自己喜欢的工作，久而久之，你也会感到厌烦。即使给你一个很好的工作环境，但如果总是一成不变的话，任何工作都会变得枯燥乏味。许多职场人士，他们拥有渊博的知识，受过专业的训练，有一份令人羡慕的工作，拿一份不菲的薪水，但是他们中的很多人对工作并不热爱，视工作如紧箍咒，仅仅是为了生存而不得不出来工作。他们精神紧张、未老先衰，工作对他们来说毫无乐趣可言。另外，一项工作从事的时间久了就会产生"审美疲劳"。

要克服工作中的厌烦并不是一件很难的事，只要你善于发掘，你就会有许多新鲜感。其实，工作带给你的新境界是非常有魔力的，在这个过程中你通过学习、实践、犯错、改正、创新不断了解并掌握要害，从而征服它，这种满足感是任何词汇都无法形容的。

同时，良好的心态是保持工作激情的重要条件。在不同的时期给自己规划不同的事业目标，经营自己才是一生中最重要的事业。人们常说，爱一个人就要爱她的全部。同样，你爱你的工作，也要爱工作的全部。一件工作有趣与否，取决于你的看法，对于工作，我们可以做好，也可以做坏。可以高高兴兴和骄傲地做，也可以愁眉苦脸和厌恶地做。如何去做，这完全在于我们。所以只要你在工作，何不让自己充满活力与热情呢？

现代社会，上班族的工作压力都比较大，当你感觉自己精神趋于崩溃时，不如给自己的身心放个假，关掉手机和电脑，出门走走。在大自然的新鲜空气中洗涤自己的心情，那种方式我觉得是非常能释放压力缓解倦怠的。你要记住，无论遇到多大的压力都要放轻松，做每一件事情的时候都给自己留一些余地，不要给自己设立不切实际的目标，要有一颗平常心。不是所有的人都能成为杰出者，但是在你的舞台上，你扮演的角色不管是大人物还是小人物都很精彩就行了。

总之,保持工作激情最好的方式就是热爱自己的工作,即使这份工作你不太喜欢,也要尽一切能力去转变、去热爱它。并凭借这种热爱去发掘内心蕴藏着的活力、热情和巨大的创造力。事实上,你对自己的工作越热爱,决心越大,工作效率就越高。

当你抱有这样的热情时,你会发现上班就不再是一件苦差事了,工作中充满了乐趣,生活中无处不美好。如果你对工作充满了热爱,你就会从中获得巨大的快乐。因此,你应该以谈恋爱的心情面对工作,用这样的态度面对工作,才可能在工作中有所收获。设想你每天工作的八小时，感觉就像和你的恋人在一起的那种滋味,该是一件多么快意的事情。

拿出 100%的激情来对待 1%的事情

毕业于西点军校的戴维·格立森将军说过这样一句名言:“要想获得这个世界上的最大奖赏，你必须拥有过去最伟大的开拓者所拥有的将梦想转化为全部有价值的献身激情,以此来发展和展示自己的才能。”

当你刚踏入社会时,或许对生活充满过激情,但是久而久之,你的激情就会慢慢消退,为生存而来的工作便成了你的苦差事。因此,凡是在社会上工作过一段时间的人都会觉得工作太枯燥了。其实，问题往往是出在你对待公司的态度上，最主要的还是出在你自己身上。如果你本身不能激情地对待自己的工作的话，那么即使让你做喜欢的事情，过一段时间后你依然觉得工作乏味至极。大多数公司中的员工已经有过这样的经历。

拉斐尔正是凭借着自己对工作的高度激情,创造了一个又一个奇迹。

当他刚转入职业棒球界不久,便遭到有生以来最大的打击,他被约翰斯顿球队开除了。他的动作无力,因此球队的经理有意要他走人。经理对他说:“你这样慢吞吞的,根本不适合在球场上打球。拉斐尔，离开这里之后，无论你到哪里做任何事,若不提起精神来,你将永远不会有出路。”

拉斐尔没有其他出路,因此去了宾州的一个叫切斯特的球队,从此他参加的是大西洋联赛——一个级别很低的球赛。和约翰斯顿队 175 美元相比,每个月只有25美元的薪水更让他无法找到激情。但他想:我必须激情四射,因为我要活命。

在拉斐尔来到切斯特球队的第三天,他认识了一个叫乔治的老球员,他劝拉斐尔不要参加这么低级别的联赛。拉斐尔很沮丧地说:“在我还没有找到更好的工作之前,我什么都愿意做。”

一个星期后,在乔治的引荐下,拉斐尔顺利加入了康州的纽黑文球队。这个球队没有人认识他,更没有人责备他。在那一刻,他在心底暗暗发誓,我要成为整个球队最具活力、最有激情的球员。这一天成为他生命里最深刻的烙印。

每天,拉斐尔就像一个不知疲倦和劳顿的铁人奔跑在球场,球技也提高的很快,尤其是投球,不但迅速而且非常有力,有时居然震落接球队友的护手套。

在一次联赛中,拉斐尔的球队遭遇实力强劲的对手。那一天的气温达到了华氏100度,身边像有一团火在炙烤,这样的情况极易使人中暑晕倒,但他并没有因此退却。在快要结束比赛的最后几分钟里,由于对手接球失误,拉斐尔抓住这个千载难逢的机会迅速攻向对方主垒,从而赢得了决定胜负的至关重要的一分。

发疯似的激情让拉斐尔犹如神助,它至少起到了三种效果。第一,他忘记了恐惧和紧张,掷球速度比赛前预计的还要出色;第二,他“疯狂”般的奔跑感染了其他队友,他们也变得活力四射,他们首先在气势上压制了对手;第三,在闷热的天气里比赛,拉斐尔的感觉出奇地好,这在以前是从来没有过的。

从此,拉斐尔每月的薪水涨到了185美元,和在切斯特球队每月25美元相比,他的薪水在十天的时间里猛增了七倍,这让他一度产生不真实的感觉,他简直不知道还有什么能让自己的薪水涨得这么快,当然除了“激情”。

微软创始人比尔·盖茨曾经说:“我们公司文化的核心就是激情文化,员工必须要有激情,才能全身心地投入到工作中去,而技巧是可以培养的。”盖茨是一个非常有激情的领导者,他的每次演讲都能引起听讲者的共鸣。微软的员工正是对工作始终充满激情才使得微软闻名世界。

因此,不要说自己的工作枯燥,不要说自己的工作卑微。你要想打出人生最好的牌成为一名胜利者,你就应该拿出100%的激情来对待1%的事情,而不去计较它是多么的“微不足道”,你就会发现,原来每天平凡的生活竟是如此的充实、美好。

麦当劳汉堡店内的员工,他们的工作很简单,并且有一套非常有效的生产作业在背后支援。他们也很少遇到不寻常的要求,跟客户打交道也不会面临很多困难。但是就是这么简单的工作,员工们对此倾注了100%的激情。他们永远面带微笑,非常有礼貌地向客人请示,激情让他们做事机敏——工作速度既快,质量又好。

一个充满激情的人,会把工作做到极致。在工作中,凭借激情,你可以释放出潜在的巨大能量,发展出一种坚强的个性;凭借激情,你可以把枯燥乏味的工作与生活变得生动有趣,使自己充满活力,培养自己对事业的狂热追求;凭借激情,你可以感染周围的同事,让他们理解你、支持你,拥有良好的人际关系;凭借激情,你更可以获得老板的提拔和重用,赢得珍贵的成长和发展的机会。

从历史的角度讲,伟大人物对使命的激情可以谱写历史,而作为普通人的我们对工作的激情则可以改变自己的人生。而一个丧失激情的人不可能保质保量地完成自己的工作,更不可能做出创造性的业绩。如果你失去了激情,那么你永远也不可能在职场中立足和成长,永远不会拥有成功的事业与充实的人生。因此,从现在开始,对你的工作倾注全部激情吧。

激情延续职业青春

一位西方名人说过这样一句话:“对任何事都有激情的人,做任何事都会成功。”的确,社会上许多成功人士都有一个共同点,那就是对自己的事业充满激情。激情是决定成功的重要因素。拥有激情,能让你在工作的时候,把所有的精力都投入到自己所做的事情当中,并且将工作作为一种特殊的使命,根植于心中。工作离不开激情,激情能让你发掘自身潜力,激发想象力与创造力,从而更好地完成任务。

职场上有成就的人士都有一个共同的特点,那就是他们对别人、对工作具有较为持久的激情。美国陆军少将约翰·斯坦福曾对一群有领导才能的研究人员说:“要使激情成为形成个人魅力的另一个因素,就是你必须找到让你充满激情的东西,充分燃烧你的激情,并且让别人了解你的激情。”

胡海在一家公司当个小职员。刚进去那会儿,激情万丈,每天都准备着想要在公司大展拳脚。可时间长了才发现,上司派给他的都是一些琐碎的“杂活”,不费太多脑筋,也看不出什么成果,心就不知不觉冷了下来。

一次董事长要开公司大会,他所在的部门彻夜准备文件,分配给他的工作是装订和封套。上司千叮咛万嘱咐:“一定要做好准备,别到时措手不及。”他听了不屑一顾,心想中学生也会的事,还用得着这样嘱咐?

那天,他先去外面吃了顿夜宵,又看了场电影,才摇晃着回来。看到同事们忙忙碌碌,他不仅不帮忙,还从心里感觉到厌烦。等到凌晨一点,文件终于弄好了交到他手里,他开始一件件地装订,没想到只装订了十几份,订书机“喀”地一响,订书钉用完了。他漫不经心地抽开订书钉的纸盒,脑袋突然“嗡”的一声——里面是空的。这下他可慌了,文件必须在明早大会开始前交给董事长秘书。见此情景,他的上司咆哮道:“你在准备什么呢?你就这么对待工作吗?”

上司的确很着急,因为有几十份文件,如果不装订好,以后的程序都无法进行。胡海说自己当时感觉像被火烤,他匆匆跑出去寻找订书钉,最后几经周折,天快亮时才在一家通宵文具店买了回来,终于在早晨八点之前,把整齐的文件交给了秘书。

事后,他灰头土脸等着挨训,没想到总是板着脸的上司这时只是轻轻说了一句:“记住,以后要以十分的激情迎接三分的工作。”

胡海感慨说,这是他一生最受用的话,即使他后来跳槽,再后来创办了自己的公司,这句话都让他受益匪浅。他说:“用十分的激情迎接三分的工作并非浪费,而以三分的态度面对十分的工作,将带来不可逆转的恶果。”

可见,在公司里上司最欣赏对工作有激情的员工。然而,现在有很多年轻人正缺乏这样的东西。他们在进入职场以后,发现现实与理想的差距越来越大,他们愈加感到失望,面对许多事业上的压力感到无所适从,渐渐地就变得麻木不仁,无精打采。学生时代的豪情壮志,激情万丈的情形再也看不到了,取而代之的是当一天和尚撞一天钟的态度。更为致命的是,当他们在职场中遇到挫折和失败的时候,又总是习惯于从外界找借口来为自己开脱,却很少仔细地审视自己,也并不认为无精打采地上班、磨磨蹭蹭地工作是什么值得注意的大事。却不知,正是这些让老板下定决心辞退他们的。

一名资深的职业经理曾经说过这样一段话:“我感觉现在的年轻人工作热情大不如前,对待工作的态度就是听之任之,没有自己的主见。就拿我公司的一些年轻人来说吧,看见领导来了就装模作样地工作,领导一走,马上进入自己的娱乐天地——上网、聊天或是看网上电影,工作能力很一般。对于这样的员工,上司从心底里是不喜欢的。作为年轻人,在职场中一定要有饱满的激情,有了饱满的工作热情,客户或是上级主管也愿意把业务交给你做。对于那些不求上进、牢骚满腹的人,大家都不愿意合作,久而久之,你就会慢慢被淘汰。”

与过去相比,现代社会物质发达了,诱惑也就多了。因此,人更容易出现职业倦怠,其中之一的表现就是频繁地换工作。国内一项调查显示,近50%的工作倦怠者参加工作未满4年。工作5年后,倦怠指数有明显下降,工作16年后,工作倦怠程度降到最低。此次调查也显示,在25岁以下的人群中,有35%的人出现了职业倦怠。其次为25~35岁的人群,出现职业倦怠的年轻人最典型的应对则是换工作。和其他年龄层的劳动者相比,30岁以下的年轻人职业流动周期最短,平均不到一年半就换工作。

职业倦怠就是工作失去激情的表现,如果你对工作失去了激情,那么要在职场中立足和成长会是相当困难的事情。我们知道,一个没有激情的画家不可能画出流传千古的名作,而只能是单调的颜料的涂抹和技巧的运用,其中难以蕴涵作者本人的情感,自然也难以打动人。而一个没有激情的音乐家也只能演奏出单调的音符,不会将听众带入音乐的圣殿。同样,没有激情的工作者只能够单纯地将一件事情做完,要做好却很难,因为没有激情的引导,你就很难有动力去寻找优化的途径。

而当你在工作中满怀激情的时候,你的眼中就没有乏味的工作。工作中的每个环节,你都会把它当成艺术来做,全身心地投入进去。无论是一个多么小的细节,你都会认真去做。这样给人的感觉就是一个真正的艺术家,而不是简单的劳动者。这样充满激情地去面对每一次任务,那么,终有一天会成功。

总之,没有激情的工作不仅是对自己的折磨,也是对他人的折磨,在这样的心态之下,想要做出一番成就是不可能的。凭借激情,你才可以把枯燥的工作变得生动有趣,让自己时刻充满活力,培养自己对事业的狂热追求。同时,激情四射的你也能够感染周围的人,让他们理解和支持你,为自己赢得成长和发展的机遇。

第十章 自卑是寒凉的冰，自傲是苦毒的火

荷兰哲学家斯宾诺莎在《伦理学》中说："由于痛苦而将自己看得太低就是自卑。"同时自卑也能使得我们失去快乐，更失去前进的动力，沉浸在一片冰寒之中。

你被自卑冻结了什么

一个人形成自卑心理后，往往从怀疑自己的能力到不能表现自己的能力，从怯于与人交往到孤独地自我封闭。本来经过努力可以达到的目标，也会认为"我不行"而放弃追求。自卑使人看不到人生的光华和希望，领略不到生活的乐趣，也不敢去憧憬那美好的明天。自卑感一旦产生，就会渐渐地蔓延、扩散，从而产生错误的心理定势。

自卑让你失去快乐。

自从转学来到这所学校，朱春花觉得所有的地方都不对劲了。

首先是名字。在以前的学校里，不管是老师还是同学喊她的名字，她总是很快乐地答应着，从来没有觉得有什么不妥，就像春天开花，秋天结果一样自然。可是转学以后，她最怕别人叫她的名字，因为班里那个长得很帅的单眼皮男生，总会很及时地从哪个角落里跑出来，补上一句：春花，上酸菜。然后大家一起笑，笑得朱春花鼻尖上冒出虚汗，脸蛋红得像一只秋天里的柿子，心慌慌地跳，恨不能找个地方藏起来。

其次是说话。在以前的学校里，大家都是一样的口音、一样的方言，谁也不会笑话谁。可是转学以后，新同学都说着纯正标准的普通话，比她原来学校里的老师说得还好，夹在一群糯米一样柔软的声音里，她总是俺呀俺的，显得是那样格格不入。每次罗晓跟在她身后学她，一口一个俺们那疙瘩，她就不敢再开口说话。最要命的是英语课，老师一叫她朗读课文，大家就会在底下抿着嘴

偷偷地乐。

最后是衣着。平常大家都穿校服,所以朱春花并没有觉得特别地失落,可是一旦可以不用穿校服,她就傻了眼。那些同学一个比一个漂亮,牛仔裤、镂空衫、公主裙、韩版的雪纺裙,简直可以开时装发布会了。唯有她还穿着以前买的那些色调单一、款式陈旧的衣服,像一只灰蒙蒙的小老鼠。人多的地方她不敢去。大家在谈论周董的新歌、韩寒的新书时,她低着头拼命做事,收拾别人丢下的垃圾,替大家拿东西,收集矿泉水瓶子。

朱春花前所未有的失落、小小的自卑像被摇晃过的可乐,稍一触动就会四处流溢。她拼命地收敛自己,尽量不与人交往,尽量不去人多的地方,尽量不与人交流,像一只谨小慎微的小老鼠,一个人独来独往。

只有独处的时候才是她最快乐的时光,她的拘谨和木讷会在这一刻里烟消云散。她会和一片叶子上的青虫快乐对话,和一朵花儿惺惺相惜,和一个苹果做好朋友,却害怕和同学交往,怕那些嘲笑的目光,讥讽的话语,不屑的轻蔑,这些足以让她受伤,让她逃匿。

有一天,上英语课时,老师又让她朗读课文,她只好硬着头皮站起来,本来就很重的口音,加上一紧张又开始结巴,原本应该是很好听的朗读,她却读得支离破碎,语速磕磕绊绊和极其严重的口音混在一起,听上去很滑稽。罗晓终于忍受不了,他捂住耳朵喊了一嗓子:“别读了,折磨死人不偿命啊!”有人小声附和:“就是,难听死了。”有人低声笑。朱春花的难堪达到极限,眼泪在眼圈里转了好几个圈,终于缓缓地落下来。脸色由白变青,由青变紫,最后落荒而逃。从此,她落下了后遗症,只要一听到有人在读英语,就会心里发抖,腿肚子更会不听使唤地抽筋。

自卑更让我们与成功失之交臂:

1951年,英国女医生弗兰克林从自己拍摄X射线衍射的照片中发现了DNA(脱氧核糖核酸)的螺旋结构。经过研究,她大胆地提出了假说,并以此为题做了一次很出色的演讲。

然而,许多人对她的发现提出质疑,怀疑她的照片的真实性和假说的可靠性。在这些的压力下,弗兰克林也开始怀疑自己:作为一个普通医生,提出这样高深的理论问题,也许太不自量力了吧?她动摇了。于是,她公开否认了自己提出的假说，也没有再继续研究下去。后来，另外两位科学家在这个领域的研究中取得重大成果，并因此获得诺贝尔医学奖。然而，他们最初关于DNA结构研究论文的发表，是在1953年，比弗兰克林的发现晚了两年。

自卑让众人远离你：

恩纳是一家公司的职员，认为自己的前景非常暗淡，因为老板不欣赏他，同事不看好他，就连女朋友也不理解他。他越来越沮丧，在人前抬不起头。

其实，恩纳刚进公司时大家都挺喜欢这个帅气的小伙子。可不久，人们发现他做事总是拿不定主意、下不了决心。比如：当把一个新任务交给他时，他又说："这工作我从来没做过，我怕自己的能力有限，出力不讨好。"当别人鼓励他做下去时，他又说："难道你比我更了解我吗？你越这样信任我，我越害怕，怕辜负了你"。

久而久之，恩纳已经习惯说"我不能"了。慢慢地，大家开始对恩纳产生了成见，不喜欢找他帮忙，更不喜欢和他合作，甚至不愿意和他相处。就是在家里，由于习惯使然，和女朋友相处时他也同样说"我不能"，最终导致女朋友对他说："我也不能再和你处下去了……"

自卑在心理学上，是指一种自我否定，主要是低估自己的能力，觉得自己各方面不如人，可以说这是一种性格的缺陷。主要的表现在于对自己的能力、品质评价过低，还会有一些特殊的情绪体现，如害羞、不安、内疚、忧郁、失望等。

长时间的自卑，不但会造成心理上的不健康，也会导致生理上出现亚健康状态，具体的危害在于会使人心理上情绪低沉，郁郁寡欢，常因害怕别人看不起自己而不愿与人来往，只想与人疏远，缺少朋友，顾影自怜，甚至内疚、自责；自卑的人，缺乏自信，优柔寡断，毫无竞争意识，抓不到稍纵即逝的各种机会，享受不到成功的欢愉等。而在生理上会导致免疫系统功能下降，抗病能力也随之下降，从而使人的生理过程发生改变，出现各种病症，如头痛、乏力、焦虑、反应迟钝、记忆力减退。

化开自卑的坚冰

著名的奥地利心理学家阿德勒认为:人类都有自卑感,以及对自卑感的克服与超越。美国著名的成人教育学专家卡耐基发现世界上根本就不存在生来就胆怯、害羞、脸红的人。这些心理的异常现象都是人在后天的成长过程中由某种经历诱发生成的。也就是说,自卑并不是一块不可化开的坚冰,既然是后天,就是能克服。只要你愿意,照样可以赢得漂亮的人生。

十几年前,他从一个仅有20多万人口的北方小城考进了北京的大学。上学的第一天,与他邻桌的女同学第一句话就问他:“你从哪里来?”而这个问题正是他最忌讳的,因为在他的逻辑里,出生于小城,就意味着小家子气,没见过世面,肯定会被那些来自大城市的同学瞧不起。

这个女同学的问话,使他一个学期都不敢和同班的女同学说话,以致一个学期结束,很多同班的女同学都不认识他!

很长一段时间,自卑的阴影都占据着他的心灵。最明显的体现就是,每次照相,他都要下意识地带上大墨镜,以掩饰自己内心的恐慌。

二十年前,她也在北京的一所大学里上学。

大部分日子,她也都在疑心、自卑中度过。她的一张18岁时候的照片,看起来比现在30多岁的她还老。她疑心同学们会在暗地里嘲笑她,嫌她肥胖的样子太难看。

她不敢穿裙子,不敢上体育课。大学结束的时候,她差点儿毕不了业,不是因为功课太差,而是因为她不敢参加体育长跑测试!老师说:“只要你跑了,不管多慢,都算你及格。”可她就是不跑。她想跟老师解释,她不是在抗拒,而是因为恐惧,恐惧自己肥胖的身体跑起步来一定非常非常地愚笨,一定会遭到同学们的嘲笑。可是,她连向老师解释的勇气也没有,茫然不知所措,只是傻乎乎地跟着老师走。老师回家做饭去了,她也跟着。最后老师烦了,勉强算她及格。在一个电视晚会上,她对他说:“要是那时候我们是同学,可能是永远不会说话的一对。你会认为,人家是北京城里的姑娘,怎么会瞧得起我呢?而我则会想,人家长得那么帅,怎么会瞧得上我呢。”

他,现在是中央电视台著名节目主持人,经常对着全国几亿电视观众侃侃而谈，他主持节目给人印象最深的特点就是从容自信，他的名字叫白岩松。她,现在也是中央电视台著名节目主持人,是完全依靠才气而丝毫没有凭借外貌走上中央电视台主持人位置的,她的名字叫张越。

自卑来源于心境,也消逝于你的心境,“解铃还须系铃人”。

一天,一个高傲的武士,前来拜访禅宗大师。他本是一个出色且颇具威名的武士,但当他看到大师俊朗的外形,优雅的举止,猛然自卑起来。

他对大师说道:“为什么我会感到自卑?仅仅在一分钟前,我还是好好的。但我刚跨进你的院子,便突然自卑起来。以前,我从没有过这种感觉。我曾经无数次面对死亡,但从没有感到恐惧,为什么现在感到有些惊恐了呢?”

大师对他说道:“你耐心地等一下,等这里所有的人都离开后,我会告诉你答案。”

一整天,前来拜访大师的人都络绎不绝,武士等得心急火燎。直到晚上,房间里才空寂起来。武士急切地说道:“现在,你可以回答我了吧?”

大师说:“到外面来吧。”

这是一个满月的夜晚，刚刚冲出地平线的月亮发出皎洁的光辉，大师说道:“看看这些树,这棵树高入云端,而它旁边的这棵,还不及它的一半高,它们在我的窗户外面已经存在好多年了，从没有出现过什么问题。这棵小树也从没有对大树说:‘为什么在你面前我总感到自卑?’一个这么高,一个这么矮,为什么我却从未听到抱怨呢?”

武士说道:“因为它们不会比较。”大师回答道:“那么你就不需要问我了。你已经知道答案了。”

卡耐基还说:“世界上没有一点都不胆怯、害羞和脸红的人,包括我自己。人人都有,只是程度不同、持续的时间长短而已。”自卑并不可怕,自卑是人人皆有的心理,战胜自卑更不是难于上青天的事,只要了解自卑,并且坦然面对努力战胜他,你必然能摆脱那沉浸在冰寒中的苦痛之感。

别被自负毁了

拿破仑曾说:“我一生只佩服恺撒,如果一个军官不知道凯撒,就不佩拿枪,更不佩拿指挥刀!”但恺撒终是一个悲剧人物,这主要在于他太自我陶醉了。

朱理亚·恺撒于公元前101年诞生在罗马一个名门贵族家庭。他父亲曾出任过罗马大法官，叔父曾出任过罗马执政官，母亲则出自另一个罗马执政官的家族。少年时期,恺撒就抱有远大的志向。他特别爱看亚历山大远征记,梦幻能成为像他那样的盖世英雄。

19岁时,恺撒与贵族之女克妮莉亚订婚。当时罗马的权贵苏拉出于策略上的考虑,想提拔恺撒作为青年贵族的代表,故为他另准备了一桩婚事。但恺撒不顾他的利诱与威胁,坚持与克妮莉亚完婚,结果被迫出逃,连个人的财产和妻子的嫁妆都被没收。恺撒这种为维护个人信誉而不惜牺牲一切的精神给他带来了相当的美誉。

20岁时,恺撒投身军旅,开始了为期十年的戎马生涯。这不仅增长了他的军事才干,也磨炼了他吃苦耐劳的坚毅斗志。30岁时,恺撒退出军旅,投身政治。他以高贵的出身,英俊的外表,丰富的社会阅历及巧言善辩的口才而很快赢得社会各界的重视,他还经常利用借来的金钱,大肆宴请对他有用的人,并很快赢得了慷慨大方的名声,这益增加了恺撒的自负感。

40岁,恺撒出任西班牙总督。在当时的罗马政坛,有两个著名人物,庞培和克拉苏。他们为了各自利益勾心斗角,并竞相拉拢恺撒以为己用。后来恺撒与庞培和克拉苏达成秘密协议，规定其中任何一方都不得单独执掌政权,而要三方协作。这样,恺撒正式跻身罗马政坛三雄之列。

42岁时,恺撒当选为执政官。任满后他出任高卢总督。在任内,他利用高卢各部落之间的矛盾与不和,积极进行分化拉拢,展开了一系列的战争活动,10年中征服了大半个高卢及附近一些地区，掠得了数不清的战利品和几十万的战俘,他把这些战利品源源不断地送往罗马,使元老院的贵族们大喜过望。而在元老院发来的一封又一封贺表中，恺撒对自我的陶醉也在膨胀，他已不再满足于跻身“罗马三强”之列,他要向亚历山大大帝看齐。

恺撒48岁时,克拉苏对帕提亚作战,不料一败涂地,克拉苏本人也阵亡。

由此,恺撒的对手仅剩庞培一人了。公元前52年,庞培的亲信迈罗杀害了深受平民拥护并同情恺撒的保民官克罗狄,引发平民和被释奴隶的暴动。元老院的贵族们惊恐万状,连忙任命庞培为独一无二的执政官。庞培上台后,一方面残酷镇压暴动,另一方面也打压恺撒的势力。

恺撒没有示弱,他亲率大军以迅雷不及掩耳之势挺进罗马。庞培虽也是身经百战的将领,却对恺撒的神速进军估计不足,结果不得不带领着元老院的贵族们逃往希腊。就这样,恺撒不费吹灰之力就占领了罗马。之后两年,恺撒又转战西班牙、希腊等地,剿灭庞培的势力。恺撒在用兵中,很注重出其不意,攻其不备。特别是在法萨卢战役中,恺撒的兵力虽只有23,000人,却能一举击溃54,000人的庞培军团。庞培兵败后逃亡埃及。埃及国王托勒密十二世怕招惹是非将庞培杀死,把其人头献给恺撒。

至此,恺撒终于成了罗马的最高主宰。

56岁时,恺撒返回罗马,受到人们空前的欢迎。他被推举为终身保民官,并被冠以“祖国之父”的称号。恺撒集军、政、司法大权于一身,拥有至高无上的权力。

恺撒成了一个空前大国的无冕之王。他的名字成了尊严和权力的象征,他的雕像出现在罗马的大街小巷,他的亲信遍布帝国各级政府机构中,他的事迹被人们广泛地传诵着。恺撒从一个没落贵族一跃成为全罗马帝国最有权力的人物,功名已超过了他唯一的崇拜对象——亚历山大国王。他听惯了别人对他的颂扬之声,开始像帝王那样发号施令。恺撒的自我陶醉达到了顶点!

可他不知道,就在他最陶醉的时刻,危险也正向他逼来。元老院的贵族们对他日益不满,暗中串联,阴谋刺杀恺撒,其中狄西摩斯·布鲁图还是恺撒最亲密的朋友。他们一致认为恺撒的存在已成为共和国的最大威胁,并于公元前44年3月15日,邀恺撒来元老院大厅议事,然后加以刺杀。恺撒没有死在对外征战中,也没有死在与两巨头的角斗中,而是死在一批朋友手中,这是他所料未及的。

从心理学上讲,恺撒之死与其自负人格甚有关系。这突出表现为:待人轻信,自以为是,喜欢听恭维之辞,对伤害过自己的人过分宽容。恺撒在早年处事还十分谨慎,但随着他功业的不断扩大及地位的不断提高,他越来越丧失了对潜在敌人的警惕性而变得越来越自负。

由于他的自负,恺撒相信只要自己对人宽容,别人就一定会作出善意的回报。但他没有想到,在政治斗争中,宽恕并非环环相报。恺撒也太相信个人的魅力与感召力了。他以为凭借他当时的权势,没有人敢挑战他的统治。可他没有想到,堡垒往往是从内部攻破的。恺撒一生在对敌斗争绝少失算,这是他屈指可数的一次失算,可这次小小的失算却使他永久成为历史人物。恺撒太沉醉于自己的功名了,而这份自我陶醉使他放松了对政敌们的警惕。

恺撒从一个没落贵族荣升到罗马最高统帅,用了整整38年。可他从罗马最高统帅到被刺,用了不到1年。恺撒一生发表过无数激动人心的演讲,可他说的最后一句话却是:"怎么,还有你,布鲁图。"恺撒之死给人留下太多太多的遐想了。

自负是一种自我膨胀即过度的自信,对自己的认识以点带面,一方面好就认为自己光芒万丈,很了不起,孤芳自赏,瞧不起其他人,不接受他人的建议和批评,更缺乏自我批评。唯我独尊,自我中心,盛气凌人。自负是一碗可怕的毒药,无法认清付出的代价将会是自己的一生。

森林里住着一只骄傲自负的狮子,它下了一道命令,每天中午必须轮流派一只动物到它那里充当它的食物,否则就把所有的动物都吃掉。

这一天,轮派到一只兔子。兔子不想死,琢磨着怎样杀死狮子,直到天黑的时候,才走到狮子那儿。

狮子当然非常生气,但小兔子恭恭敬敬地说:"主子呀,这个错误不在我,也不在于别的动物。是半路上一只大狮子拦住了我,说:'这座森林是属于我的,你们的任何行动都应该经我同意才行。你的那个主子装什么佛,他应该来叩拜我!你去把他喊来,我要让他明白谁才是兽中之王。'"狮子听了大怒:"有这样的事?你赶快带我去那里,我要让他知道我的厉害!"

小兔子在前面为狮子带路,走到一口井跟前时,它对狮子说:"主子呀,你的目光太威严了,那个强盗从远处一看到你,就吓得藏到洞里去了。你过来,我指给你看。"狮子伸长脖子往井里一看,看到了自己在水里的倒影,便冲它大吼一声。

由于回声的缘故,井里发出了一声更强烈的吼声。狮子听了心想:这家伙难道比我厉害吗?我才不服气呢!我要和他较量较量。狮子猛地向井里的"狮子"扑去,只听见"哎呦,扑通",自负的狮子在水里淹死了。

适度的自信是一种感觉。一个人的成长，然后成功，往往靠这种感觉。这种感觉引导了你的判断。一个正确的判断，不仅决定你在一件事情上的成败，更重要的，它就是你走向哪个方向的分界线。比如有两个人，有着同样的环境，其中一个突然就上去了，另一个人可能永远都上不了这个台阶。最重要的区别是他做出了什么样的判断。这个东西无法用考试分数来衡量，但具有决定意义。我从小到大，周围总是有很多人，只因一念之差，后来就一切都不同了。

自信而不自傲，求强而不逞强

曾国藩认为，一个人应当有自信，但不能自傲。自信是事业有成的基础。远大的理想源于自信，不懈的追求也源于自信，成就辉煌的事业更需要自信。自信是对自己能力、潜力和力量的正确估计，也是超越自我、追求人生价值的动力源泉。曾国藩在两次赴京会试都落第的情况下，发出了“竟将云梦吞如芥，未信君山铲不平”的豪言壮语。这非凡的雄心壮志正是源于他的自信。也正是这种自信，才成就了他后来轰轰烈烈的事业。

但是，自信过了头，就是自傲和自负。自傲与自负即是过高地估计自己，自视清高，自命不凡。春风得意、学业有成或者仕途顺遂的人，往往容易犯自傲的错误。

诸葛亮平定南中之后，又经过两年准备，公元227年冬天，就带领大军驻守汉中。因为汉中接近魏、蜀的边界，在那里可以随时找机会进攻魏国。

离开成都的时候，他给后主刘禅上了一道奏章，要后主不要满足现状，妄自菲薄；要亲近贤臣，疏远小人；并且表示他决心担负起兴复汉朝的责任。这道奏章就是历史上有名的《出师表》。

过了年，诸葛亮采用声东击西的办法，传出消息，要攻打郿城(今陕西眉县)，并且派大将赵云带领一支人马，进驻箕谷(今陕西褒城北)，装出要攻打郿城的样子。魏军得到情报，果然把主要兵力去守郿城。诸葛亮趁魏军不防备，亲自率领大军，突然从西路扑向祁山(今甘肃礼县东)。

蜀军经过诸葛亮几年严格训练，阵容整齐，号令严明，士气十分旺盛。自从刘备死后，蜀汉多年没有动静，魏国毫无防备，这次蜀军突然袭击祁山，守在祁山的魏军抵挡不了，纷纷败退。蜀军乘胜进军，祁山北面天水、南安、安定三个郡的守将都背叛魏国，派人向诸葛亮求降。

那时候，魏文帝曹丕已经病死。魏国朝廷文武官员听到蜀汉大举进攻，都惊慌失措。刚刚即位的魏明帝曹睿（音 ruì）比较镇静，立刻派张郃带领五万人马赶到祁山去抵抗，还亲自到长安去督战。

诸葛亮到了祁山，决定派出一支人马去占领街亭（今甘肃庄浪东南），作为据点。让谁来带领这支人马呢？当时他身边还有几个身经百战的老将。可是他都没有用，单单看中参军马谡。

马谡这个人确是读了不少兵书，平时很喜欢谈论军事。诸葛亮找他商量起打仗的事来，他就谈个没完，也出过一些好主意，因此诸葛亮很信任他。但是刘备在世的时候，却看出马谡不大踏实。他在生前特地叮嘱诸葛亮，说："马谡这个人言过其实，不能派他干大事，还得好好考察一下。"但是诸葛亮没有把这番话放在心上。这一回，他派马谡当先锋，王平做副将。

马谡和王平带领人马到了街亭，张郃的魏军也正从东面开过来。马谡看了地形，对王平说："这一带地形险要，街亭旁边有座山，正好在山上扎营，布置埋伏。"

王平提醒他说："丞相临走的时候嘱咐过，要坚守城池，稳扎营垒。在山上扎营太冒险。"

马谡没有打仗的经验，自以为熟读兵书，根本不听王平的劝告，坚持要在山上扎营。王平一再劝马谡没有用，只好央求马谡拨给他一千人马，让他在山下临近的地方驻扎。

张郃率领魏军赶到街亭，看到马谡放弃现成的城池不守，却把人马驻扎在山上，暗暗高兴，马上吩咐手下将士，在山下筑好营垒，把马谡扎营的那座山围困起来。

马谡几次命令士兵冲下山去，但是由于张郃坚守住营垒，蜀军没法攻破，反而被魏军乱箭射死了不少人。

魏军切断了山上的水源。蜀军在山上断了水，连饭都做不成，时间一长，自己先乱了起来。张郃看准时机，发起总攻。蜀军士兵纷纷逃散，马谡要禁也禁不了，最后，只好自己杀出重围，往西逃跑。

王平带领一千人马，稳守营盘。他得知马谡失败，就叫士兵拼命打鼓，装出进攻的样子。张郃怀疑蜀军有埋伏，不敢逼近他们。王平整理好队伍，不慌不忙地向后撤退，不但一千人马一个也没损失，还收容了不少马谡手下的散兵。

街亭失守，蜀军失去了重要的据点，又丧失了不少人马。诸葛亮为了避免遭受更大损失，决定把人马全部撤退到汉中。

诸葛亮回到汉中，经过详细查问，知道街亭失守完全是由于马谡违反了他的作战部署。马谡也承认了他的过错。诸葛亮按照军法，把马谡推出斩首。

自傲不仅是个人事业有成的绊脚石，也是处理人际关系的绊脚石。自傲的人往往瞧不起周围的人，因此别人也不愿意和他接近，对他敬而远之。

李琪是个很自信的人，高中毕业后也顺利进入了自己渴望已久的大学，他喜欢和别人交流，因为自己的博学足以让自己有夸夸其谈的资本。

不管别人说什么李琪都会第一时间接话，不但会接话还会不厌其烦地对身边的人进行科普。处处显示的都是天上地下无所不知的气概，在他的眼中那些和他同龄的年轻人都不过是自己的陪衬。有人唏嘘夸赞，可李琪却从未听出那话中的厌烦与讽刺。

时间一天天过去了，有一天他却发现了一个可怕的现象，那些原本和他很熟络的同学竟然都在不知不觉间渐渐远离了他。他不明所以，还是一个极为和他不对盘的年轻人厌恶地点出了真相："像你这种自以为是的家伙谁愿意理你！"

曾国藩在给他弟弟国华的信中曾经这样说："自古以来，失德致败的原因有两条，一是骄傲，二是多言。温弟与我相似，话语多为尖刻，常傲气凌人。应当抑制自己……否则，大家都会讨厌你，鄙视你，不可不猛省，不可不痛改！"曾国藩的这段话可谓是情真意切，很值得那些由自傲而导致人际关系障碍的人认真反思。

要想戒除自傲，第一，眼界要宽，胸襟要广；第二，要多一点自知之明，善于看到自己的不足；第三，还要看到别人的长处。每个人都不可能是全才，但是各人有各的长处。一个人的智慧与能力毕竟有限，集众人的智慧才能办成大事。有了这种认识，才会从善如流，谦逊待人。

一个人如果能以谦逊和真诚的态度对待人家，人家也会以谦逊和真诚的态度对待你。尤其当你地位高了、荣誉多了、贡献大了的时候，如果还能保持谦逊平易的态度,那么就更能博得别人的敬重和钦佩。

曾国藩还认为,人须求强,但不可逞强。

不甘平庸,勇于进取,这就是求强。求强的本质是追求自我超越,追求人生价值。它是实现远大抱负、成就伟大事业所必须具备的良好品性。然而,曾国藩认为,求强与逞强是不同的概念。逞强斗狠,说到底就是要获得对他人的超越和优越感,从而谋求他人对自我的肯定、服从或者尊敬。然而这种优越感的获得往往以压抑他人、伤害他人为代价。在某一时间、某一场合或某一范围内,你确实征服了他人,但是在另一时间、另一场合或另一范围内,你却未必能征服他人,结果你就会把自己陷入一个孤立的境地,最后你会发觉自己的路越走越窄,越走越难。

同逞强的概念相似的是逞能。逞能就是锋芒毕露,好表现自己。它的实质同逞强一样,也是企图获得对他人的超越和优越感。曾国藩说:"人不可无能,但也不可逞能。"好逞能的人总是生怕别人不了解自己的才华,于是便处处锋芒毕露,以为别人都无能,自己最有能耐。因此,好逞能的人往往会引起别人的反感和嫉妒。所以曾国藩提出,明智的人要善于"藏锋露拙"。当然,也不是说凡有才华都不能显露,问题是必须露得适时、适当、恰到好处。曾国藩还认为,藏锋的最好办法是"少说话,多做事",至于做得好不好,让别人去评说。此外,还要多看到别人的长处,让大家的积极性都发挥出来。因为事情是靠大家做的,一个人的能力毕竟有限。逞强逞能者往往独自苦干、蛮干,结果是吃力不讨好,反而孤立了自己。

自信而不自傲,求强而不逞强,在当今也不失为我们走向成功的必备武器。

谦虚有道,价更高

古人说:"尊者必自卑,遐者必自迩。"正所谓:"屈己者能处众,谦虚者能处身。"可见,要想成就大事,除了必要的才能之外,还需要谦虚谨慎的作风,方能成就大业。反之,则身首异处,性命不保。

杨修志向宏大、才高八斗,有经天纬地之才。但是,此人恃才傲物、不会谦虚,最终死于非命。

曹操有个儿子，名叫曹植，非常仰慕杨修的才华，于是，就经常和他彻夜长谈，所以，两人私交甚厚。

有一次，曹操和众人商议，打算立曹植为世子。这件事情被曹丕知道后，就悄悄地请谋士吴质进府商议对策，但是曹丕又怕此事被外人知道，所以就用一个大筐把吴质掩盖起来，只说筐内放置的是绢匹。恰巧的是，这件事情被杨修发现了，于是就告诉了曹操。曹操闻此，很是生气，所以就派人在曹丕府门外伺机查探。曹丕顿时惊慌失措，请教吴质如何应对。吴质告诉他说："不用担心，你明天照旧行事，只需在筐中放入绢匹即可。"第二天，侍卫进行盘查，发现筐中果然是绢匹，并无密谋之士，曹操知道后，就对杨修产生了厌恶。

不日之后，曹操打算考察一下曹植和曹丕两人的才干。就命令他们兄弟二人出邺城门，但是他又密令门吏，不准放他们出行。

曹丕最先来到城门，任凭他好话说尽，门吏始终不放他出行，万般无奈之下，曹丕只能退了回来。

没多会儿，曹植也来到了城门口，他依照杨修所教，见门吏阻拦，便大声喝斥道："我奉王命出行，谁敢阻拦，格杀勿论。"众门吏一听是奉命出行，便大开城门。曹植顺利通过了考核，曹操由此认定，曹植更有才干。但是，就在此时，有人密报说："曹植之所以能成功出城，是受了杨修教导。"于是，曹操更加嫉恨他了。

在杨修的帮助下，曹植的地位越来越巩固了。所以，曹植也经常参与军国大事的商讨，而且，每次都能语出惊人，这令曹操非常欣喜，但是，也让曹操产生了怀疑。后来，曹丕暗中买通了曹植的下人，偷到了杨修教会曹植的答案。曹操见此，雷霆大怒，于是，便有了杀害杨修的心思。

有一次，曹操东征从曹娥碑下路过，杨修跟随着他。看见碑的背面写着"黄绢幼妇，外孙齑臼"八个字。曹操就问杨修："你知道是什么意思吗?"杨修回答说："知道。"曹操闻此，心中已有不悦，但是，他隐忍着没有发作。等走了三十里路之后，忽然，杨修大笑道："我终于知道是什么意思了。"说罢，曹操便把杨修叫到跟前，说道："把你的理解说来我听。"杨修领命说道："黄绢，是有颜色的丝，色丝合成一个'绝'字；幼妇，是少女的意思，少女合成一个'妙'字；外孙，是女儿的儿子，女子合成一个'好'字；臼，是承受辛苦的事。受辛苦合成一个'辞'(辤)字：那八个字的意思就是'绝妙好辞'。"曹操听罢，虽然，表面上称赞道："修乃奇才也！"但是，心中充满了杀机。直至有一天，杨修以"鸡肋"二字，妄揣曹操心意，被以祸乱军心之罪，处以死刑。

后人有诗曰："聪明杨德祖，世代继簪缨。笔下龙蛇走，胸中锦绣成。开谈惊四座，捷对冠群英。身死因才误，非关欲退兵。"

这首诗正确概括了杨修的真正死因，其实，置他于死地的不是别人，正是他的恃才傲物。我们从以上的故事中也可以明显看到，杨修是饱学之士，而且融会贯通。如果他能多几分谦虚，少几分张扬的话，那么也许他悲惨的结局就将会被历史重新改写。

《尚书》曰："满招损，谦受益。"一个人如果骄傲自负，不能谦虚谨慎，那么最终吃亏的只能是自己。

有一个博士被分到一家研究所里，成为了这个所里学历最高的人。有一天，他到单位后面的小池塘去钓鱼，正好，正副所长在他的一左一右，也在钓鱼。

"听说他俩也就是本科生学历，有啥好聊的呢？"这么想着，他只是朝两人微微点了点头。

不一会儿，正所长放下钓竿，伸伸懒腰，蹭蹭蹭从水面上如飞似地跑到对面上厕所去了。博士瞪大了眼睛，许久，回不过神来，心想：难道这就是传说中的轻功水上漂？正在他大惑不解之时，正所长踩着水面又漂了回来。

没一会儿，副所长也蜻蜓点水一般，移过了池面。这下子博士差点没摔倒："不会吧，这里怎么成了一个藏龙卧虎的地方？"

巧合的是，此时，博士生也内急了。这个池塘两边有围墙，要到对面厕所需要走十分钟的路，而且回单位又太远，怎么办呢？

博士生心想：我就不信这本科生学历的人能过得水面，我博士生不能过！想到此处，他一咬牙，一跺脚，提起裤脚就往水里迈去，只听得"扑咚"一声，他便栽到了水里。

两位所长赶紧将他拉了出来，问他为什么要下水，他反问道："为什么你们可以走过去呢？而我就掉水里了呢？"

两位所长相视而笑，其中一位说："这池塘里有两排木桩子，由于这两天下雨涨水，桩子正好被淹没在水面下。我们都知道这木桩的位置，所以可以踩着桩子过去。而你不了解情况，怎么也不问一声呢？"博士生听完，不禁羞红了脸频。

子曰：“三人行，必有我师焉。”“敏而好学，不耻下问。”圣人尚且能做到不耻下问，又何况我们平凡人呢？故事中的博士生虽然有学历、有文凭。但是，毕竟他是刚调进单位，对周围很多事情都不熟悉，然而，他又自高自大，不能谦虚好学，所以才有了落水的悲剧。如果你不能谦虚，处处显得高人一等，那么第一个被淘汰出局的人就是你。

和珅对下人刘全曾说过这样一句话：“做人不要处处抖机灵。”抖机灵抖到最后只会招人厌烦。古话说：“露相非真人，真人不露相。”所以，经常爱抖机灵的人未必有真才实学的大智慧，同时，那些处处爱表现自己的人却正说明了自己的无知。谦虚不但能表现一个人的涵养，而且他也能在谦虚之中学到新知识，这对造就一个人的成功有着很大的帮助。

牛顿发现了万有引力定律，在热学上，他确定了冷却定律；在数学上，他提出了“流数法”，建立了二项定理，和莱布尼兹几乎同时创立了微积分学，开辟了数学上的一个新纪元。

牛顿是一位有多方面成就的伟大科学家，然而，他非常谦逊。对于自己的成功，他谦虚地说：“如果我见得比笛卡尔要远一点，那是因为我站在巨人的肩上。”他还对人说：“我只像一个海滨玩耍的小孩子，有时，很高兴地拾着一颗光滑美丽的石子儿，真理的大海还是没有发现。”

牛顿会成为伟大的科学家，也许，正是因为他有着谦虚的精神。

1903年，莱特兄弟发明了飞机并首次飞行试验成功。一次，有一位记者好不容易找到了兄弟二人，要给他们拍照，弟弟奥维尔·莱特谢绝了记者的请求，他说：“为什么要让那么多人知道我俩的相貌呢？”

当记者要求哥哥威尔勃·莱特发表讲话时，威尔勃回答道：“先生，你可知道，鹦鹉叫得呱呱响，它却不能飞得很高很高。”

即便是名人也应该有着谦虚的美德，莱特兄弟就是最好的证明。

1931年，15岁的王永庆告别父母，踏上了去嘉义的路途，在叔叔的介绍下，他在一家米店，找到了一份为客户送米的辛苦工作。

因为他工作不惜力，所以颇得老板喜爱。而有心计的王永庆在送米之余的时间里，还暗中偷学老板经商的诀窍。

第二年，他利用回乡探望父母之际，向亲友借了200元钱，开了一家小米店，成了小老板，这是他人生的转折点。

17岁的他要独撑一家店面，也并非易事。当时，米行竞争激烈，繁华地段早已有主，而且，他们都已有了固定客户。要想打开新局面，就必须出奇制胜，否则，难以在此立足。

以前米店的经营方式，都是等待顾客上门购买。但王永庆一改传统习惯，他采用了主动将米送到顾客家里，这种新做法在很大程度上方便了顾客，因此，大受欢迎。同时，他为了改进食用米的质量，还将杂物捡干净，然后，再卖给顾客。就这样，王永庆便迅速地打开了市场，赢得了越来越多的顾客，他的米店生意也越来越好、越做越大。

接着，他又用卖米赚的钱，购置了碾米设备，建立了一家碾米厂，又从北港附近沿海渔村招了几个帮工，从此，他有了自己的工厂。后来，他又经营过木材，为他在木材业的崛起与扩展新的领域奠定了根基。

经过数年的发展和壮大，如今的王永庆已是身价上千亿的大富翁了。他一手创办的台塑集团是台湾最大的民营制造业集团，旗下有30多家分公司与海外公司，在台湾石化界及整个企业界具有举足轻重的地位。于是，他被称为世界"塑胶大王"。他不仅在台湾建立了宏大的家族事业，还在美国投资数十亿美元，建立了庞大的石化工业基地。王永庆从一只小麻雀变成了金凤凰，成为了众人瞩目的焦点，但是在巨大的成功和荣耀面前，他依然保持着原来的那份谦虚。他从不讲究排场，也从不爱曝光，不论是个人生活起居还是他管理的"商业帝国"，他始终如一地坚守着"简单"的谦虚法则。

"谦虚使人进步，骄傲使人落后。"谦虚能让一个人保持理性，能在复杂的社会环境中，做出准确的判断。尤其，在商务世界里，如果成功者不谦虚，他就很难生存。如果他们不懂得放低自己，也就无法得到认可。王永庆做到了这一点，简单的谦虚法则正是他构架商业帝国大厦的柱石。

第十一章 得失中超然，豁达中自在

失去也是人生的主题。有了失去，我们更加学会了珍惜；有了失去，我们学会了更多的智慧。失去，让我们更加坦然和洒脱、觉悟与超然。豁达的面对生命中的事物，才能活得自由自在。

面对得失，学会坦然

世上之事，有得必有失，得到令人欣喜，失去使人沮丧。然而连上帝都会在关一扇门的同时又打开一扇窗。得到与失去本身就无法分离，得失是一对孪生兄弟。也许有的人得到的多一些，于是就因此多了一些自信和满足，有的人得到的少了一些，因此就少了一份自信与满足。但是面对得失，如果我们能多一份坦然，能够从大处着眼，为长远着想，那么个人得失相对于纷繁复杂的世界而言，那又算得了什么？

2002 年 9 月 26 日下午 4 时许，28 岁的男青年程某在长沙市芙蓉路某大厦应聘时，收到一条手机短信，短信称其中了 500 万大奖，其言凿凿，不容置疑。生活境况不佳、正在四处找工作的程某看过短信后欣喜若狂，大声叫道："中了，中奖了！"随后便一头栽倒在地，两眼发直，四肢抽搐。周围的人立即拨打 120，长沙市医疗急救中心医务人员迅速赶到现场，发现程某已进入濒死状态，急救人员一边抢救一边将其送往长沙市一医院。等送达医院时，程某早已停止呼吸。

这样的故事看起来有点好笑，这其实就是不能够坦然面对得失的后果。人生，本来就有高潮也有低潮，生活有苦也有乐，有失去也会有得到，这是极其自然的事。不能总是想生活在充满激情、浪漫、刺激的境界中，不能总想得到，却害怕失去，这样就难以始终保持心理上的平衡，以至于感情常处在大起大落状态下,影响个人的身心健康。

在飞速行驶的列车上,坐在窗口的一个小伙子不小心把刚买的新皮鞋从窗口掉下去一只,周围的旅客都为之惋惜,不料小伙子很快把剩下的那只也扔了下去。众人都不明白,小伙子却坦然一笑:“鞋无论多么昂贵,剩下一只对我来说也没有什么用处了。把它扔下去就可能让捡到的人得到一双新鞋,说不定他还能穿呢。”

小伙子看似不可理解的举动,体现了他清醒的价值判断:与其抱残守缺,不如选择放弃。这种坦然面对失去的豁达心态,令人顿生敬意,也令人深思。

在工作和生活中,很多人都会患得患失,本来拥有一些自己并不需要的东西,却又绞尽脑汁使这些东西不断增加,并为这些终日烦恼,长此以往有损身心健康;一般来说,人们总是习惯于得到而害怕失去,尽管“有得必有失”的道理所有人都知道,但人们依旧认为得到了可喜可贺,而失去则可惜可叹,每有所失,总要难受一阵,甚至为之痛苦。

每天清晨,总有一辆豪华轿车穿过伦敦市的中心公园。车里除了司机之外,还有一位远近闻名的百万富翁。有一天,那个百万富翁注意到,总有一位穿着破衣服的人坐在中心公园的椅子上,死死地盯着他住的酒店。

终于有一天,百万富翁对此产生了极大的好奇心,他要求司机停下车并径直走到那人的面前说:“请原谅,我真的不明白你为什么每天早上都盯着我住的酒店看。”

“先生,”这人回答道,“我什么都没有,只得睡在这长凳上。不过,每天晚上我都能梦到住进了那所酒店。”

百万富翁听了以后,对他说:“今晚你一定能如愿以偿。我将为你在酒店租一间最好的房间,并付一月房费。”

几天后,百万富翁路过那个人的房间,想打听一下他是否对现在的生活感到满意。出人意料的是,这人已经搬出酒店,重新回到了公园的凳子上。

当百万富翁问这人为什么要这样做时,他回答道:“一旦睡在凳子上,我就梦见我睡在那所豪华的酒店里,妙不可言;一旦睡在酒店里,我就梦见我又回到了冷冰冰的凳子上,这梦真是可怕极了,以至于完全影响了我的睡眠!”

看到了吗？每一种生活都有得与失，正如俗话所说的："醒着有得有失，睡下有失有得。"我们应该正视人生的得与失，要知道世间万物本来就是来去无常，所以得到的时候要懂得珍惜，失去的时候也不必无所适从。月亮即使有缺，也依然明亮；人生即使有憾，也依然美丽。会生活的人失去的多，得到的更多，只要这样一想，你就会有一种释然的感觉。

人在得意中常会遭遇小的失意，后者与前者比起来，可能微不足道，但是人们往往会怨叹那小小的失，而不去想想既有的得。

得到的时候，渴望就不再是渴望了，得到了满足，却失去了期盼；失去的时候，拥有就不再是拥有了，失去了所有，却得到了怀念。

当我们在得与失之间徘徊的时候，只要还有抉择的权利，那么，我们就应当以自己的心灵是否能得到安宁为原则去做出选择。只要我们能在得失之间做出明智的选择，那么，我们的人生就不会被世俗所淹没。

正确认识得失，得到了也可能失去。无论你得到了什么，都不妨时常这样提醒自己。这样，得到的时候就会倍加珍惜，失去的时候也不至于无所适从。

人生无常，无物永驻。天下没有什么事物、对象、情势、局面是永远不变的。明月曾经照古人，古人不见今世月；好花不常开，好景不常在；年年岁岁花相似，岁岁年年人不同；人无百日好，花无百日红。物有生、死、毁、灭；人有生、老、病、死。盛极必衰、否极泰来；月有阴晴圆缺，人有悲欢离合；天下大势是分久必合，合久必分；官无常位，境遇常变；三十年河东三十年河西，风水轮流转。老子说："金玉满堂，也无法永远守住。"人生聚散、浮沉、荣辱、福祸，这一切都在不断地转化。相辅相承、"百年随手过，万事转头空，明白此理，你就会视一切变化为正常，就会对一切事情的发生有思想准备，就不会抢天呼地，不撞南墙不回头与天道(客观规律)死顶下去，做人不能逆天道(客观规律)而行事。

人生无常还指事物变动的不可预见性、偶然性，事情的不期而遇。俗话说，天有不测风云，人有旦夕祸福；福无双至，祸不单行；运去金成土，时来土做金；屋漏偏逢连夜雨，船迟又遇顶头风……人生之中不可预测的事太多太多。

不必为"失去"而难过，因为世间之物本来就是来去无常，我们所能做、所应做的只是在"得到"时珍惜它。

海纳百川，有容乃大

一位家庭妇女走进了心理诊所，憔悴不堪地告诉医生，她感到做家务太忙了，整天没法停下来，生活得太累！医生问她都做了些什么家务，她随口说出了一大堆事，光是每天整理床铺就要花费很多工夫和时间。医生建议她：试试一星期不整理床铺怎么样？她回去了。一个月后，她容光焕发地再次踏进诊所，告诉医生：她现在不再每天把床铺整理得那么整洁，不再把窗子擦得那么锃亮，不再把地板拖了一遍又一遍，结果天也没有塌下来。空闲之际，她陪孩子嬉戏，陪老人逛街，打打网球、练练身体，充分感受生活的乐趣。

其实，生活的许多烦恼都是烦恼人自找的。有些人刻意追求完美、处处苛求而痛苦不堪；有些人对于自己犯下的错误无法释怀，对于别人犯下的错误不肯原谅，陷于痛苦恼怒难以自拔，这些烦恼让我们远离了人群，处于孤独之中。仔细想一想，断臂的维纳斯却有撼人的美！谁也不能因为过去的错误，就不肯原谅自己或别人，不能因为生活有了污点，就烦恼不堪，要学会接受不完美的人生，尽可能完美地走好今后的人生之路。

“水至清则无鱼，人至察则无徒”。容纳自己的缺点，才能容纳别人的缺点；宽恕自己和别人的过错，就是给自己或别人一个改正的机会。一味刻意地追求完美，只会给自己的心情打上死结，不得解脱！

一个娇生惯养的富家女哭着跑回娘家，向父母诉说新婚丈夫的种种不是。在双亲耐心的劝慰之下，仍旧表示要离婚。这时，充满智慧的爷爷从书房出来，手里拿出一大张白纸和一支毛笔交给孙女儿，并对她说：“孙女婿欺负你，很可恶是不是啊?”女孩接过纸与笔，委屈地答道：“是啊！整天欺负我，爷爷要替孙女儿做主。”爷爷慈祥地说：“好！你先照我的话去做。现在你只要想他一个缺点，就用毛笔在白纸上点一个黑点。”女孩遵照爷爷的嘱咐，拿起笔不停地在白纸上点黑点。她点了一阵子后，爷爷拿起白纸问她：“就这些，还有吗?”女孩想了想，提笔又点了三点。

在她点完之后，爷爷平静地问她：“你在这张白纸上看到了什么呢?”女孩大声答道：“黑点啊！全都是那死没良心的缺点啊！”

爷爷仍旧平静地问道："你再看一看，除了黑点之外，还看到了什么。""没有啊！除了黑点之外什么都没有了。"

在爷爷不断追问之下，女孩不耐烦地说："除了许多黑点之外，就是白纸的空白部分了。"爷爷笑道："好极了！黑点就是缺陷点，而空白部分的大白点就是优点。你总算看到了优点。想想看，孙女婿是否也有优点呢？"女孩若有所悟，想了很久，终于勉强地点点头，开始说出丈夫的优点。阴霾渐渐散去，语气逐渐缓和，最后破涕为笑。

当你讨厌一个人之时，只会看到他的缺点，这是人性的盲点。重要的不是完美，而是心情。

一天早上，一位年轻人走进格兰特的礼品店。他的脸色显得很阴沉，视线固定在一个精致的水晶乌龟上面。

"先生，请问您想买这件礼品吗？"格兰特亲切地问。

"这件礼品多少钱？"年轻人问了一句。

"50元。"格兰特回答道。

年轻人听格兰特说完后，伸手掏出50元钱甩在橱窗上。

格兰特很奇怪，自从礼品店开业以来，他还从没遇到过这样豪爽的买主呢。

"先生，您想将这个礼品送给谁呢？"格兰特试探地问了一句。

"送给我的新娘，我们明天就要结婚了。"年轻人依旧面色冰冷地回答着。

格兰特心里咯噔了一下："什么，要送一只乌龟给自己的新娘，那岂不是给他们的婚姻安上了一颗定时炸弹？"

格兰特沉重地想了一会儿，对年轻人说："先生，这件礼品一定要好好包装一下，才会给你的新娘带来惊喜。可是今天这里没有包装盒了，请你明天早晨再来取好吗？我一定会利用今天晚上为您赶制一个新的、漂亮的礼品盒……"

"谢谢你！"年轻人说完转身走了。

第二天清晨，年轻人早早地来到了礼品店，取走了格兰特为他赶制的精致的礼品盒。

年轻人匆匆地来到了结婚礼堂——新郎不是他而是另外一个人！年轻人快步跑到新娘跟前，双手将精致的礼品盒捧给新娘。而后，转身迅速地跑回了自己的家中，焦急地等待着新娘愤怒与责怪的电话。在等待中，他有些后悔自己不该这样去做。

傍晚，婚礼刚刚结束的新娘便给他打来了电话："谢谢你，谢谢你送我这样好的礼物，谢谢你终于能原谅我了……！"电话的另一边，新娘高兴而感激地说着。

年轻人万分疑惑，便挂断了电话，迅速地跑到格兰特的礼品店。一推开门，他惊奇地发现，在礼品店的橱窗里依旧静静地躺着那只精致的水晶乌龟！

一切都已经明白了，年轻人静静地望着眼前的格兰特。而格兰特依旧静静地坐在柜台后边，冲着年轻人轻轻地微笑了一下。年轻人冰冷的面孔终于在这一瞬间变成一种感激与尊敬："谢谢你，谢谢你，让我又找回了我自己。"

给自己一个好心情，放开心胸，培养容纳百川之度量！这样，"情绪中暑"才与你沾不上边；这样，才会有真正的快乐。

常怀善念，宽以待人

智者说，宽容是容常人所不能容，忍常人所不能忍，处常人所不能处；学者说，宽容是一种雅士的风度，一种广阔的胸怀，一种崇高的境界，一种优秀的品德。总而言之，宽容是爱心的传送，是仁人的虔诚，是智者的宁静，犹如秋月丰盈。宽容是人之博大、人之崇高、人之快慰的优良品德。

2004 年 8 月 23 日，雅典奥运会男子单杠决赛正在进行。28 岁的俄罗斯老将涅莫夫第三个出场，他在杠上一共完成了直体特卡切夫、分体特卡切夫、京格尔空翻、团身后空翻 2 周等连续 6 个空翻和腾越，非常精彩，只是落地往前跨了一步。他征服了观众，但是裁判只给了他 9.257 分。

此刻，体操史上少有的情况出现了：全场观众愤怒着，他们全都站立起来，报以持久而响亮的嘘声，比赛不得不被打断。

回到休息处的涅莫夫埋首解下手上的层层绷带，脸上不带任何表情，裁判的不公早已不能让历经沧桑的他心头再起波澜，他是由于对体操的执着和热爱才仍然在这块场地上坚持奋斗的。但是现场的俄罗斯观众率先表示了对裁判的不满，他们开始挥舞俄罗斯国旗，对裁判报以阵阵的嘘声。

观众席上的热情被点燃了，嘘声更响了，本来应该上场的美国运动员保罗·哈姆虽然已经准备就序，却只能双手沾满镁粉站立在原地。裁判席上的裁判们开始交头接耳，对目前的情况进行商讨。这时，俄罗斯体操代表团的代表开始走向裁判席和裁判长进行交涉。

涅莫夫仍然一副冷峻的表情，只是间或向观众挥手致意。他的回应让观众的反应更加剧烈了。面对着如此感人的场面，涅莫夫冰山般的面容也开始融化，他露出了成熟的微笑，边向着观众鼓掌，边站立起来，向同时朝他欢呼的观众挥手致意，并深深地鞠躬，感谢观众对自己的热爱和支持。涅莫夫的大度反而进一步激发了观众的不满，嘘声更响了，很多观众甚至伸出双手，拇指朝下，做出不文雅的鄙视动作。不同国度的观众这个时候结成了同盟，俄罗斯的、意大利的、巴西的……不同的旗帜飞舞着。

但涅莫夫身旁的队友压制不住心头的不满，反而高举手臂调动观众的情绪；这时涅莫夫的脸也转向了裁判席，可是同一张脸上却微笑不再，深邃的眼眶中射出冷冷的光芒。裁判席上的讨论更加激烈了，这一幕让涅莫夫哑然失笑。

在如此巨大的压力下，裁判终于被迫重新打分，这一次涅莫夫得到了9.762分。裁判的退让根本不能平息观众的不满，观众的嘘声反而显得更为理直气壮。重新准备开始比赛的保罗·哈姆又只能僵立在原地。

这时，涅莫夫显示出了非凡的人格魅力和宽广胸襟，他重新回到场地上，站在心爱的单杠旁边。只见涅莫夫先是举起强壮的右臂表示感谢观众的支持，接着伸出右手食指做出禁声的手势，请求观众给保罗·哈姆一个安静的比赛环境，然后具有大将风范地双手下压，要求观众们保持冷静。

在那次比赛中，涅莫夫虽然没有拿到金牌，但他仍然是观众心中的“冠军”；他没有打败对手，但他以自己的宽容征服了观众。

在生活中，出现摩擦、不快和委屈，是常有的事。我们不能以针尖对麦芒，因为怨恨就像是一只气球，越吹越大，最后会膨胀到无法控制的地步。面对怨恨，我们应该不念旧恶，不计新仇，能宽容时就宽容，得饶人处且饶人。

有一位女基督徒说，她虽然信主，但她非常憎恨她大姐，彼此看不顺眼。从小，她们打打闹闹，也常相互抓对方的头发泄恨意，平常吃饭摆碗筷，也只给对方一支筷子。

一次，轮到她摆筷子，她心想报复机会来了，只给大姐一支筷子。未料被父亲看见，结果，父亲气得把她的手指打得浮肿，而她也痛得泣不成声、吃不下饭！

诸如此类的事，层出不穷，所以种下她与大姊“冷讽热战、互相仇恨”的心。

这女孩说，她虽然常到教会，却也在独自一人时，躲在屋后仓库，泪流满面地祷告：“主啊，我想爱大姐，可是我做不到！”后来，她听到一声音说：“只要你愿意，有一天你能！”

一个月后，这女孩说，大姐又冷言冷语地嘲讽她，当她很想顶嘴大骂回去时，她的嘴及时煞车，“主啊，请赐给我忍耐，请赐给我忍耐！”她心中不住地祷告，最后嘴巴总算忍了下来，并且做到“被骂不还口、被打不还手”。

一个铜板敲不响！她的忍耐，引起大姐的好奇，久而久之，大姊也不再挑衅。一天，大姐突然拿着心爱的邮票，说要送给喜好集邮的她。女孩讶异地问大姐：“你怎么突然对我这么好？”大姐对她说：“是你自己先改变的啊！”

有时，我们以为赢了，其实，我们输了！因为我们赢了“面子”，却输了“里子”！相反地，或许我们“被骂不还口、被打不还手”，好像是“输了”，其实，我们却是“赢了”，而且，赢得非常丰富！“一只脚踩扁了紫罗兰，它却把香味留在那脚跟上，这就是宽容。”生活如海，宽容作舟，泛舟于海，方知海之宽阔；生活如山，宽容为径，循径登山，方知山之高大；生活如歌，宽容是曲，和曲而歌，方知歌之动听。

曼莎小姐好不容易才找到一份在一家高级珠宝店当售货员的工作。在圣诞节的前一天，店里来了一位30岁左右的男顾客，他虽然穿着很整齐干净，看上去很有修养，但很明显，这也是一个遭受失业打击的不幸的人。

此时店里只有曼莎一个人，其他几个职员刚刚出去。

曼莎向他打招呼时，男子不自然地笑了一下，目光从曼莎的脸上慌忙躲闪开，仿佛在说：你不用理我，我只是来看看。

这时，电话铃响了。

曼莎去接电话，一不小心，将摆在柜台的盘子碰翻了，盘中有6只精美绝伦的金耳环掉在了地上。曼莎慌忙弯腰去捡。可她捡回了5只以后，却怎么也找不到第6只。当她抬起头时，看到那位男子正向门口走去，顿时，她明白了那第6只耳环在哪里。

当男子的手将要触及门把手时，曼莎柔声叫道："等一下，先生。"

那男子转过身来，两个人相视无言，足足有一分钟。曼莎的心在狂跳不止，心想：他要是粗鲁我该怎么办？他会不会……

"什么事？"他终于开口说道。

曼莎极力控制住心跳，鼓足勇气，说道："先生，今天是我第一次上班，你知道，现在找份工作多么不容易，能不能……"

男子用极不自然的眼光长久地审视着她，好一阵子，一丝微笑在他脸上浮现出来。曼莎终于也平静下来，她也微笑着看他，两人就像老朋友见面似的那样亲切自然。

"是的，的确如此。"男子脸上的肌肉颤动了一下，回答，"但是我能肯定，你在这里会干下去，而且会很出色。"

停了一下，他向她走去，并把手伸给她："我可以为你祝福吗？"

紧紧地握完手后，他转身缓缓地走出店门。

曼莎小姐目送着他的身影在门外消失，转身走回柜台，把手中的第6只耳环放回原处。她的眼睛有些潮湿，她心里想：上帝呀，这些日子赶快过去，让大家都好起来吧。

理解，宽容，以人心打动人心，聪明善良的曼莎小姐找到了解决问题最好的方法。但是，如果曼莎小姐当时惊慌失措报警或者大吵大嚷，结果就肯定没有这么完美了。

要学会宽容就要设身处地地为他人着想，学会从对方的立场来看问题，这样会使自己的观点更客观，态度更冷静。如果人人都能以宽容之心待人，我们的生活便会显得十分美妙，处处变得和睦融洽。

心理学家指出：适度的宽容，对于改善人际关系和身心健康都是有益的。这种宽容，指的是对于子女或别人在生活、工作、学习中的过失、过错采取适当的"羞辱政策"，有效地防止事态扩大而加剧矛盾，避免产生严重后果。

大量事实证明，不会宽容别人，也会殃及自身。过于苛求别人或苛求自己的人，必定处于紧张的心理状态之中。

有一位女性，才华容貌都很出众，可在事业上一直不顺利。为什么呢？很重要的一个原因就是她太精明了。每次与朋友见面聊天，总是听她抱怨、指责别人，这些人包括她的合作伙伴、朋友以及下属，她会一针见血地指出每个人的缺点和不足，然后抱怨同这些人相处有多么困难。朋友劝她：与人相处要尽量地看人长处，用人长处，不要老盯着别人的缺点不放。但她依然如故，自己的生活也依然很不顺心。

有不少优秀的人都有这样的毛病，他们自视甚高，自律甚严，在他们眼中，周围的人身上全是毛病，他们用自己的标准和好恶去衡量、要求别人。这些人虽然精明，但少了一份聪明的糊涂和容人的胸怀。这样的人虽然能果断地处理一些事情，但在大多数情况下是不受欢迎的。

圣人告诫我们：爱那些你原本憎恨的人，善待憎恨你的人；对于诅咒你的人，要送给他祝福；对于凌辱你的人，要为他祷告。报复他人是一件极其愚蠢的事。

善待别人就是善待自己

一位禅师很喜欢养兰花，一次他外出云游，就把兰花交给徒弟照料。徒弟知道这是师父的爱物，于是就小心照顾，兰花也一直生长得很好。可就在禅师回来的前一天，徒弟不小心把花摔到地上，兰花被摔坏了，他非常惊恐，不知道该怎么办。

禅师回来以后得知喜欢的兰花被摔坏了，并没有生气，也没有惩罚徒弟。他只是告诉徒弟："我当初种兰花，不是为了今天生气的。"

即使兰花摔坏了不是禅师想要的结果，但是总有比大发雷霆更好的选择。因此，当遇到坏事情时要尽量选择一个好的解决方法。如果别人做了让自己烦恼的事情，与其生气，不如原谅别人，就像这位禅师一样，不因自己心爱的兰花摔坏了就惩罚徒弟，他并没有大发雷霆，而是善待了徒弟，实际上是善待了自己。

古时候，有一位员外和一个仆人一起去收田租，收完田租天色已晚，主仆两人就在面馆吃了碗面。吃完面，这个员外看看仆人没有付钱的意思，所以心不甘、情不愿地付了钱。

主仆上路回家时，天已经黑了，仆人赶紧点着油灯走在主人前面带路，主人很不高兴地说：“你是什么人！胆敢走在我前面？”仆人赶紧退到主人身边，把马路照光亮，主人又不高兴地说：“喔！你是什么身份？敢跟我并驾齐驱！”于是仆人又退到主人后边，主人仍然不高兴说：“你走在我后边，我怎么看得见马路，你准备让我摔死？”

仆人开口问主人：“我走在前面、后面、你身边都不是，到底你要我走哪里？”主人终于说出心里话：“你把刚才吃面的钱还给我，你高兴走哪里都可以。”

这个员外因为仆人一时疏忽忘了付面钱而耿耿于怀、斤斤计较，这样的胸怀，他的生活怎么可能会过得开心？不善待别人，最终苦的是自己。

一个女孩子因为家里穷，小时候总觉得低别人一等，养成了木讷寡言的性格，在伙伴中是典型的丑小鸭形象；就连身边的叔叔伯伯，也把她当成参照物，作为炫耀自己孩子的资本。

在她读初中时，同族的另一家的孩子早早地戴上了眼镜，而她那时还没近视。族人在一块说话的时候，她清楚地听到那个孩子的父亲在轻蔑地贬低她：“她家那么穷，能买得起眼镜吗？一副眼镜值好多钱呢！”

这个伯伯的话深深刺痛了她的心，这句无意中听到的话成了她刻骨铭心的恨。

再后来，她考上了大学，有了工作，嫁给了一个城里人；而那家的孩子，却在外地打工，过着并不怎么如意的生活。此时此刻，她觉得舒坦、解恨。

风水轮流转，那家的老人得了一场病，在医院治疗需要花很多钱，否则朝不保夕。那家的孩子，也是她小时的玩伴，找到她，希望她能在经济上帮他们一把，让老人多活几年。

此时的她经济还算比较宽裕，但小时候受到的伤害让她张口就推辞回绝了。

她这么做在族里激起众怒，她父亲拄着拐棍找上门来，指责她太不近人情，丈夫也劝她别断了人缘。经过大家一番劝说，她凑了两万元钱送过去，并委婉诉说了自己的不是。在那家老人住院期间，丈夫还和她专程探望了老人两次。

那个曾经刺痛她自尊心的伯伯最终还是去世了，又过了一段时间，那家儿子把钱还给了她。而此时的她，是对是错，连她自己都说不清楚，总感到心里很麻木、很茫然。

过了半年，她到外地出差，刚到目的地就接到家里的电话，说父母同时煤气中毒了，让她抓紧时间回去。她心急如焚，犹如天塌下来一般，她是家里唯一的孩子，万一失去父母，她想都不敢想……

而当她搭最近的一趟航班回到市里，又转了几趟车赶到县城医院的时候，父母早已经苏醒过来，看样子并无大碍了。问了家人，才知道是那家的儿子第一时间发现他的父母出了事，不仅筹钱解决了燃眉之急，而且一直在医院里照顾着他的父母。那一刻，她的眼泪夺眶而出，自责、惭愧、悔恨让她不能自已。

父母出院后，她一直在想，如果自己当初没有帮助他家，那么自己的父母出事了不就没人管了？她反思了自己走过的这些年，发现自己心中一直压抑着仇恨，性格逐渐扭曲，要不是这次父母出事，她还意识不到这些，父母得以生还，让她明白：善待别人就是在善待自己！

微笑面对别人，别人才会对你微笑，善待别人，最后善待的是自己。美国石油大亨洛克菲勒如果不是在年轻的时候明白了这个道理，并在自己的人生中时时践行，那么他很可能不会取得如此大的成就。

洛克菲勒年轻时像当时许多年少无知的人一样，得过且过，一无所有。不过，洛克菲勒怀有十分远大的理想，他期望自己有一天能够有一笔任由自己支配的巨大财富。于是，他去了距离家乡很远的一个偏僻小镇。在这个小镇上，洛克菲勒结识了镇长杰克逊先生。

杰克逊先生性格开朗、为人热情，而且平易近人，心地十分善良。对于这个初来乍到的异乡年轻人，他非常热心地帮助他。当洛克菲勒需要一些生活用品时，热情的镇长夫人总是会十分高兴地给予帮助，而且镇长还会时不时地让女儿为洛克菲勒送去一些妻子做的可口点心。

一次雨后，洛克菲勒看到镇上来来往往的人们已经把镇长家门前的花圃践踏得不成样子了。洛克菲勒为此感到气愤不已，他真为镇长和这些花朵感到惋惜，于是他站在那里指责那些路人的行为。可是第二天，路人依旧踩踏镇长家门前的那片可怜的花朵。第三天，镇长拿着一袋煤渣和一把铁锹来到了泥泞的道路上，他用铁锹把袋子里的煤渣一点一点地铺到了路上。一开始洛克菲勒对镇长的行为感到不解，他不知道镇长为什么要替这些践踏自己家花圃的路人铺平道路。可是很快他就明白了镇长的苦心，原来有了铺好煤渣的道路，那些路人再也不用踩着花圃走过泥泞的道路了。

不久之后，洛克菲勒离开了这个小镇，不过他知道，他不是一无所获地离开，他带着镇长杰克逊告诉自己的一句话从从容容地踏上了追求梦想的道路，那句话就是“善待别人就是善待自己”。直到成为闻名于全美的石油大王，洛克菲勒依然牢牢地将这句话铭记在心中。

性格自私的人不愿意对别人付出任何关爱，甚至还会对他人进行伤害，所以他们永远都体会不到来自他人的友情和温暖，面对别人给自己制造的麻烦亦或者背叛，他们也不愿意原谅别人，但这样最终苦的是自己。而若我们胸襟开阔，善待别人，就是在善待自己，那么我们不但可以拥有一种超然的心境还能获得更多的幸福和美好。

清扫心灵，轻松自在

很多人都喜欢房子清扫过后焕然一新的感觉。当我们把门窗上的灰尘和地板上的污垢都清理掉，把一切都整理好后，整个人便好像得到了一种难得的释放。

大多数人都有过年前大扫除的经历，当你一箱又一箱地打包时，你是不是惊讶自己在过去短短的时间内，竟然累积了那么多的东西，你是不是懊悔自己为何平时不花些时间整理、淘汰一些不再需要的东西，否则，今天就不会累得连背脊都直不起来。

其实，在人生的许多关口，我们都要随时进行“清扫”，扔掉一些该扔到的东西，虽然我们依然对这些东西恋恋不舍，但不扔掉就会成为负担，拖累我们前进的步伐。

罗伊·格劳伯是美国哈佛大学的物理学教授，他也是世界上著名的“量子光学”之父。他在快要过70岁生日的那一年，获得了诺贝尔奖的提名，可惜最终这个奖项却没有落到他的头上。于是，格劳伯开始怀疑自己对量子光学的研究，更要命的是，他经常问助手同样的问题——自己是不是真的老了。

此时，美国的哈佛大学和剑桥大学幽默科学杂志《不可能的研究纪录》举办的伊格诺贝尔奖——“另类诺贝尔奖”邀请他参加，格劳伯参加了这个活动，并和其他科学家们一起自娱自乐，大喊大叫，但当身边有科学家提到这一生要是真的获得诺贝尔奖的时候，格劳伯便觉得心底一阵阵的刺痛。

当伊格诺贝尔奖的颁奖典礼结束后，所有的人都离开了会场，只有格劳伯一个人呆呆坐在椅子上，但大脑中还在想着真正获得诺贝尔奖的事。也许是看到台上太多的纸飞机和颁奖留下的纸屑，格劳伯不由地拿起角落中的扫把，开始清扫起会场来。看着慢慢积聚起来的纸屑，格劳伯忽然间觉得自己的心是那么地宁静。当那些纸屑被格劳伯倒进垃圾桶的时候，格劳伯觉得自己的心灵一下子轻了许多，就像自己心灵上的那些尘埃都倒进了垃圾桶里一样。

第二年、第三年、第五年，已经白发苍苍的格劳伯一直在伊格诺贝尔的颁奖典礼上，整整当了11年的清扫工。2005年，真正的诺贝尔物理学奖落到了格劳伯的头上，这一年，格劳伯刚好80岁。

人们以为格劳伯再也不会清扫会场了，因为他已经实现了自己的梦想。但在这年的伊格诺贝尔颁奖典礼上，格劳伯又拿起了扫把。一名格劳伯的学生冲到台上，想拿走格劳伯手里的扫把，格劳伯却对他的学生说：“诺贝尔奖的真正获得者也是常人，他们心灵也有污垢，所以你不能拿掉我清扫心灵尘埃的扫把，我在清扫颁奖会场的时候，其实也在清扫自己的心灵。”

一位真正的诺贝尔奖获得者拿着扫把整整清扫了11年伊格诺贝尔奖的现场，这是一件史无前例的事情。其实，人人都应该有一把清扫心灵的扫把，及时扔到心理包袱，这样才能轻装前进。

用电脑的人都知道，回收站是需要经常清空的，否则会占用过多的空间，影响计算机的运转速度。人的头脑也是如此，你不能把什么都留着，舍不得扔掉。聪明的人是善于取舍的人，是适时取舍的人。有太多心事的人走不快，完全没有心事的人又多半缺乏理性。你要不断清扫和放弃一些东西，因为“生命里填塞的东西愈少，就愈能发挥潜能”。

我们应当学会经常问自己一个问题：我是不是每天忙忙碌碌，把自己弄得疲惫不堪，以至于总是没能好好静下来，替自己做“清扫”？对那些拖累你的东西，必须立刻放弃。心灵扫除的意义，就好像是生意人要时常“盘点库存”，了解仓库里还有什么，如果不能限期把一些货物销售出去，最后很可能会因为积压过多而拖垮生意。

心灵清扫原本就是一种挣扎与奋斗的过程。不过，每一次的清扫，并不表示这就是最后一次。你可以每次扫一点，但必须立刻丢弃那些会拖累你的东西。生命的过程就如同参加一次旅行，你可以列出清单，决定背包里该装什么，才能帮你到达目的地。轻装上阵才能让自己活得更轻松，否则就会葬送自己的一生。

放慢匆匆脚步，学会享受生活

快节奏、强压力下的人往往不能有自己的时间、空间，自己不属于自己。大多数人为了追逐名利和成功，为了让家人过上更好的生活，往往是勇往直前，忙完工作忙家务，结果心力交瘁。没有一个人不想享受生活，只是人生短暂，在该享受生活的日子里，家庭和社会的责任让人们在不经意间遗忘了自己。

一位心理学家这样说：“工作、爱情、享乐是人生的三个重要方面，偏废了任何一方面就不算是完美的人生。”所以，我们不应该再拖延了，不要再找什么孩子还小或房子还没买的借口，试着从现在就放慢匆匆脚步，开始享受生活吧。

当然，享受并非是要过着物质丰富、好吃好住的生活。享受其实很简单，在忙忙碌碌的日子里，留一点空间给自己喘口气的机会，在为家庭为社会奉献自己的光和热的同时，别忘了要善待自己。

黄昏下的海滩，有一位不知从哪里来的老翁，每天坐在固定的一块礁石上垂钓。无论运气怎么样，钓多钓少，两小时的时间一到，便收起钓具准时离去。

一个年轻人觉得老人的行为太古怪了，便问老人：“当你运气好的时候，为什么不一鼓作气钓上一天？这样一来，就可以满载而归了！”

“钓那么多鱼用来干什么？”老人平淡地反问。

“可以卖钱呀！”年轻人觉得老人傻得可爱。

“卖了钱用来干什么？”老人仍然平淡地问。

“你可以买一张网，捕更多的鱼，卖更多的钱。”年轻人迫不及待地说。

“卖那么多的钱来干什么？”老人还是那副无所谓的神态。

“买一条渔船，出海去，捕更多的鱼，再赚更多的钱。”

“赚了钱再干什么？”老人仍然是一副无所谓的样子。

“组织一支船队，赚更多的钱。”年轻人心里直笑老人的愚钝不化。

“赚了更多的钱再干什么？”老人已准备收竿了。

“开一家远洋公司，不光捕鱼，而且运货，浩浩荡荡地出入世界各大港口，赚更多更多的钱。”年轻人眉飞色舞地描述道。

“赚了更多更多的钱还干什么？”老人的口吻已经明显地带着嘲弄的意味。

年轻人被这位老人激怒了，没想到自己反倒成了被问者。“当然是为了享受生活！”

老笑了：“我每天钓上两小时的鱼，其余的时间嘛，我可以看朝霞，赏落日，种花草蔬菜，会亲朋好友，我已经在享受生活了。”

老人说完后，便打点行装，扬长而去，因为他钓鱼的时间结束了。

是啊，转了一大圈，忙忙碌碌，是为了享受生活，为何不放慢匆匆脚步，享受生活呢？这位老人也许是所有朋友们应该学习的榜样。

犹太人认为，人活着是为享受而来的，而不是受苦受累，享受生活是人生的唯一目的。所以他们总是以一种悠闲的心态看待人生，什么都看得开，放得下，达到一种令人神往的人生境界。人需要休息，放松和娱乐。

心若坦然，自在超然

我们大多数的人在生命的大多数时光里都能保持比较平静的状态，这是非常自然的事情，但若生活中出现了大起大落，恐怕就没有多少人能处变不惊了，而恰恰是这种时候，最能体现出一个人的修养和胸怀。

人生在世，主观上追求什么就决定了这个人一生的命运。如果一个人追求名誉，那么他整天考虑的就是别人会如何评价自己，自己做这件事别人会不会因此看重自己；如果一个人追求的若是金钱，那么他所考虑的事情就是这样做会得到多少报酬，整天在斤斤计较个人得失，这两种人一生都会过得非常累。而如果一个人能保持淡然的心境，视功名利禄皆为云烟，追求恬静淡然的生活，那么荣辱毁誉都不能让他的心态有丝毫的改变，在他的眼里世界依然非常美好，不会怨天尤人，不会寝食不安，这样的人生不正是世人所追求的吗？

我国道家思想的代表人物庄子认为，人最大的危害不是不修养善行，而是有意培养德行却心眼闭塞，人若是心眼闭塞就会主观行事，而不讲求事物的客观发展规律的主观办事必定会失败。虽然心、耳、眼、舌、鼻五种官能会招惹凶祸，但内心的谋虑才是罪魁祸首，而内心谋虑的祸害就是自以为是而诋毁自己所不赞同的事情。庄子又说如果人依仗着自己貌美、须长、高大、魁梧、健壮、艳丽、勇武、果敢这八项长处行事，则必然会导致自己进入困厄窘迫的境地。

其实庄子的意思总结起来就是人不要因为金钱名誉等外物的变化而自己的心态发生变化，如果心境能保持豁达淡然，那么人生在世就没有什么可忧虑的事情了。

什么样的心境才算是淡然？淡然是不是冷淡，是不是淡漠，是不是与世隔绝？都不是。淡然是心怀万物的心胸，是阅尽沧桑后的醒悟，是喜怒不形于色，是"不以物喜，不以己悲"的超脱，是坦然面对生活的态度。心境淡然的人能够积极面对人生，能够包容他人，不会计较一时一刻的得失，也不会偏执于一事一物，与这样的人相处，会感到非常自在和舒服。

庄子在自己的著作中讲述了孔子的弟子曾参的一个故事。曾参第一次为官时，俸禄只有三釜，但父母都在，所以心情很快乐；曾参第二次做官时，虽然俸禄多达三千锺，但不能奉养双亲，所以心情很悲伤。孔子的另一个弟子问孔子："老师，像曾参这样的人，可以说是没有被金钱所累的过错吧？"不料孔子却说："这已经是受牵累了。如果没有被牵累，哪来的悲伤呢？不被金钱所累的人看三釜和三千锺就像鸟雀蚊虻飞过眼前一样。"

曾参在两次为官时因为俸禄的差异而心情发生了变化，很多人的心态和他一样，甚至还不如他，而要达到孔子所说的那种状态，是非常难的，但并不是不可做到。

若想做到心境淡然,首先要拥有一颗平常心,能够平静地看待所遇到的人和事。人不是生来就能拥有一颗平常心的，刚开始时谁都会为自己的利益得失而或喜或悲,想拥有一颗平常心必须要经过生活的磨砺,积累丰富的生活经验，从这些经验中参透一些事物发展的规律。只有我们参透了事物的发展规律,才能不会再为凡尘俗事而耿耿于怀,才能让自己的心变得豁达,这时才可能让自己的心态平和、平静下来,拥有一颗平常心。

第十二章 感恩与爱并存，生命五彩缤纷

感恩心是善良的心，一个人有了感恩心就不会孤独，就不会贫困，就会有智慧、有力量，就能成为一个堂堂正正的人。每个人如果都有了感恩心，那么这个世界将更美好。让我们感谢社会上所有人的关爱，感谢他们伸出援助之手。心怀感恩之心，幸福他人，也能快乐自己。

感恩，是生命中最美的风景

感恩，就像一轮光芒万丈的阳光，温暖地照耀在社会的每一个角落。一次次、一幕幕微不足道的场景萦绕在我们的身边，都让人感动、让人温暖。

矿工下井挖煤时，一镐挖在了哑炮上。哑炮顿时就响了，矿工当场被炸死，因为矿工是临时工，所以矿上只给他发了一笔抚恤金，就不再过问矿工妻子和儿子以后的生活了。妻子在悲痛中料理完丈夫的后事，看着一贫如洗的家庭和那些不谙世事的孩子们，感受到了来自生活的巨大压力。她无一技之长，只好收拾行装想要回到那个闭塞的小山村去。

就在这时，矿工的队长找到了她，告诉她矿工们都不爱吃矿上食堂做的早饭，建议她在矿上支个摊儿，卖些早点，一定可以维持生计。矿工的妻子想了想，便点头答应了。于是一辆平板车往矿上一支，馄饨摊就开张了。

8 毛钱一碗的馄饨热气腾腾，开张第一天就一下子来了 12 个人。随着时间的推移，吃馄饨的人越来越多。最多时可达二三十个人，而最少时从未少过 12 个人，而且风霜雨雪从未间断。时间一长，许多矿工的妻子都发现自己的丈夫养成了一个雷打不动的习惯：每天下井之前必须吃一碗馄饨。妻子们百般猜疑，甚至采取跟踪、质问等种种方法来探求究竟，结果均一无所获。甚至有的妻子故意做好早饭给丈夫吃，却又发现丈夫依然去馄饨摊吃上了一碗馄饨。妻子们百思不得其解。

直至有一天，队长刨煤时被炸成重伤。弥留之际，他对妻子说："我死之后，你一定要接替我每天去吃一碗馄饨。这是我们12个兄弟的约定，自己的兄弟死了，他的老婆孩子，咱们不帮谁帮？"从此以后每天的早晨，在众多吃馄饨的人中，又多了一位女人的身影。来去匆匆的人流不断，而时光变幻之间唯一不变的是不多不少的12个人。矿工的儿子，曾不解地问母亲："妈妈，那12个人为什么喜欢吃咱们的馄饨。"母亲意味深长地告诉孩子，说："他们都是好人。"

时光飞逝，当年矿工的儿子已长大成人，而他饱经苦难的母亲两鬓花白，却依然用真诚的微笑面对着每一个前来吃馄饨的人，那是发自内心的真诚与善良。

最重要的是，前来光顾馄饨摊的人，尽管年轻的代替了年老的，女人代替了男人，但从未少过12个人。穿过十几年岁月沧桑，依然闪亮的是12颗金灿灿的爱心。

一天晚上，儿子和母亲一起收拾完摊子，母亲把他叫到身边，语重心长地说："孩子，你知道那12个人为什么喜欢咱们的馄饨吗？"

儿子回答说："因为他们都是好人。"

母亲肯定地点了点头，便把整件事情的来龙去脉，和盘说出了。最后，母亲说道："他们都是好人，将来你也要做个好人，用爱去回报他们，去回报这个有好人的世界。"

儿子记住了母亲的嘱托——要做一个好人。他从母亲的手中，接过了这个馄饨摊，用真心去回馈着那些帮助过自己的人，同时也用自己的力量去帮助那些需要帮助的人。这个感恩的种子就这样在他的生活中扎下了根，开出了花。

有一种承诺可以抵达永远，而用爱心塑造的承诺，可以穿越尘世间最昂贵的时光，去温暖人心灵最深处的地方。

故事中贫穷的矿工们，用自己的绵薄之力帮助着那对可怜的母子，守护着兄弟之间的约定，这种约定就是爱。

饭，总是要吃的，在哪儿吃不是吃？一碗混沌，似乎无足轻重，但是，千万碗混沌，是不是就可以让这么一对"无依无靠的母子"渡过劫难？

世界上最美好的事物就是爱与感恩，而每一个在社会上生存的人，都需要来自别人的关爱。同样，我们也必须付出自己对他人的关爱。爱与爱之间的循环，使平凡的生活变得如此动人、美丽。

学会感恩

感恩是什么？相信很多人都说不出它的真谛。但是，下面故事，却唤醒了深藏在每个人内心深处的感恩之心。感恩就是一水之恩，当涌泉相报；感恩就是一句永不褪色的诺言。矿工的颜色是黑的，他们的心却比火还要红，比水还要清。因为他们懂得感恩，懂得承载着感恩的责任。

黄舸，生于1988年10月30日，7岁时被确诊为先天性进行性肌营养不良。这种病只能活到18岁，而就在黄舸的生命即将走到尽头的时候他却为我们留下了永远无法磨灭的感动。

一个生命就要走到尽头而只有十六岁的男孩，为了对帮助过他的人说声谢谢，而不顾自己的身体和父亲踏上了“感恩之旅”。疾病早已剥夺了黄舸站或坐的能力。每天，父亲必须小心翼翼地把他抱上轮椅，用绳子仔细地“固定”，以保证他不至滑落。父子俩从2003年开始走遍全国寻访素未谋面的恩人。因为没有钱，父亲用一辆三轮摩托车载着儿子黄舸走过了82个城市，行程13000多公里，向30多位当年给他们汇款的恩人当面道了谢。

黄舸说：“坐着父亲骑的三轮车，到好心人的家门口亲自说声谢谢，送上一束鲜花表达我深深的谢意，是我最大的心愿。”也就是这个心愿一直支持着他走到生命的最后一刻。

知恩感恩，让任何一个生命都看起来那么地美好，因为有了感恩的心，即便肉体再残缺，但心灵的完美从未有一刻不在散发着温暖的光芒。

曾经看过这样一个故事：

有一个天生失语的小女孩，爸爸在她很小的时候就去世了。她和妈妈相依为命。妈妈每天很早就会出去工作，而很晚才会回来。每到日落时分，小女孩就开始站在家门口，充满期待地望着门前的那条路，等待着自己的妈妈回家。妈妈回来的时候是她一天中最快乐的时刻，因为妈妈每天回家都要给她带一块年糕。在她们贫穷的家里，一块小小的年糕都是无上的美味了。

有一天，下着很大的雨，已经过了晚饭时间了，妈妈却还没有回来。小女孩站在家门口不停地张望，但是总也等不到妈妈的身影。天，越来越黑；雨，越下越大。于是，小女孩决定顺着妈妈每天回来的路自己去找妈妈。她走了很远，功夫不负有心人，她终于在路边看见了自己的母亲，只是这个时候映入她眼帘的是倒在地上的妈妈。她使劲摇着母亲的身体，可母亲却没有回答她。她以为自己的妈妈太累，睡着了。就把妈妈的头枕在自己的腿上，想让妈妈睡得舒服一点。但是这时她发现，母亲的眼睛没有闭上！小女孩突然明白：妈妈可能已经死了！她感到恐惧，拉过母亲已经毫无生命气息的手使劲摇晃，却发现妈妈的手里还紧紧地拽着一块年糕……她拼命地哭着，却发不出一点声音……

雨一直在下，小女孩也不知哭了多久。她知道妈妈再也不会醒来，现在就只剩下她自己。妈妈的眼睛为什么不闭上呢？是因为不放心她吗？她突然明白了自己该怎样做。于是擦干眼泪，决定用自己的语言来告诉妈妈她一定会好好地活着，让妈妈放心地走……

小女孩就在雨中一遍一遍用手语做着这首《感恩的心》，泪水和雨水混在一起，从她小小的却写满坚强的脸上滑过……"感恩的心，感谢有你，伴我一生，让我有勇气做我自己……感恩的心，感谢命运，花开花落，我一样会珍惜……"她就这样站在雨中不停歇地做着，一直到妈妈的眼睛终于闭上……

"感恩"之心，就是我们每个人生活中不可或缺的阳光雨露，一刻也不能少。无论你是何等的尊贵，或是怎样地看待卑微；无论你生活在何地何处，或是你有着怎样特别的生活经历，只要你胸中常常怀着一颗感恩的心，随之而来的，就必然会不断地涌动着诸如温暖、自信、坚定、善良等等这些美好的处世品格。自然而然地，你的生命中便有了一处处动人的风景。

如果每一个人都能多一些感恩，都能用自己的爱去编织出一个温馨的感恩巢穴，那么我们的生活即便是平凡的生活，也能活出精彩；我们的生命，即便是苦涩的生命，也能活出幸福的甜蜜。因为，我们生活在感恩的生命中。

点亮感恩之心

生活给予我们挫折的同时，也赐予了我们坚强，我们也就有了另一种阅历。酸甜苦辣不是生活的追求，但一定是生活的全部。试着用一颗感恩的心来体会，我们会发现一个不一样的人生。拥有了一颗感恩的心，我们就没有了埋怨，没有了嫉妒，没有了愤愤不平！

迈克低着头在街上行走，突然一个老人拦住他，希望他能借给他100美元。迈克抬头看着老人，他并不认识老人，老人向他借钱，这简直就是笑话。要知道，迈克已经失业好长一段时间了，这些日子，他为找工作弄得焦头烂额。现在，他的口袋里也只有100多美元了。不过，迈克是个有爱心的人，他与老人素不相识，老人开口向他借钱，这需要很大的勇气。也许，老人真的遇到了困难。

迈克便问老人遇到了什么困难，老人告诉他说他身上的钱丢了，可是现在他要回家，没有路费回不了，老人恳求迈克帮帮他，说自己一定会报答他的。迈克掏出仅剩的100美元给了老人，并告诉老人不用还了。但老人坚持说一定要还，并且还要加倍还，老人掏出纸和笔，硬是让迈克留下了地址和姓名才离去。

两天后，迈克收到了1000美元，还有一封快递。迈克见到保罗两个字，便知道这钱和快递都是两天前找他借钱的老人寄给他的。迈克根本没打算让老人还钱，没想到老人当真会加倍地还钱给他，还给他写信。迈克迫不及待地拆开了快递：

迈克先生：您好！很高兴能从你手上借到100美元，但非常抱歉的是，我欺骗了你，其实，我并不缺钱。我借钱的目的，是想从中找到一个富有爱心的人。那天，我向许多年轻人借钱，只有你一个人借给了我，你就是我要找的那个人。来吧，到爱基金协会来工作吧，这儿需要你这种有爱心的人。我是爱基金协会的创始人，我相信你能把这个协会管理好，能把基金使用好。

迈克激动不已，爱基金协会，那是他从小就向往的地方，没想到如今协会主动向他伸出了手。借出100美元，竟然换来了意想不到的收获。迈克喜出望外。

其实，迈克出生在一个贫穷的家庭，从小他就受到爱基金协会的帮助。正是爱基金协会的帮助，使迈克成为一个富有爱心、乐于奉献的人。

世界很小，当你点一盏灯照亮别人的时候，往往也就照亮了自己；当每一个人都肯为他人点一盏灯的时候，世界就会很温暖，很明亮。时刻准备着为他人点一盏灯，以点灯的心行走在人世间，幸福和快乐就会紧跟在身后。因为只有点灯的人，上帝才会注意到他。

布里奇斯的少年时代是在无止境的顽皮和悖逆中度过的。直到有一天，他意外地得到了一把小提琴，一把漂亮的阿马提小提琴！

一天下午，少年的布里奇斯，眼看着他盯了许久的一辆豪华汽车驶出了一幢公寓，他认为时机来了，就翻身跃入院子，从窗户爬进了那户人家，悄悄地潜入了卧室，准备行窃，但进入卧室时，最惶恐、最尴尬的一幕出现了，卧室的床上赫然躺着一个女孩。

短暂的惊慌过后，女孩微笑着说话了："请问，你是要找五楼的麦克劳德先生吗？"

布里奇斯只好机械地向她胡乱点头。

"哦，那么，这是四楼，你走错了。"

此刻，布里奇斯大脑一片空白，此时听她这样讲，如获大赦，慌忙掉头就走，这时身后又响起了那个甜甜的声音："你能陪我坐一会吗？我病了，每天躺在床上非常寂寞，我很想有个人跟我聊聊天。"少年转回身，默默地坐在了她的床边，慢慢地，他们聊得很开心。

当布里奇斯下定决心尽快离开时，她给他拉了一首小提琴曲《女王的舞蹈》，少年陶醉在优美的旋律中，女孩看出他喜欢小提琴，执意将那把小提琴送给了他。

更让他惊讶的是，当少年走出大楼，心情复杂地回头张望时，他发现身后那个建筑最高只有四层，根本就不存在五楼。

故事并没有到此结束。当少年后来再次去拜访女孩时，从她父亲口中知道了那个不幸的消息，她已离开了这个世界。

少年怀着沉重的心情去祭拜了她的墓碑，青色的石板上刻着一首小诗，给少年印象最深的是这样一句："把爱奉献给这个世界，所以我是快乐的！"

多年后，布里奇斯已是一位声誉卓著的音乐人。

一天，他在一次外出回家时，发现楼上的卧室里传来轻微的响声。

出于职业的敏感，他听出了那是把阿马提小提琴发出的声音。

"有小偷。"

布里奇斯快步上前去，果然，一个十一二岁、蓬头垢面的小男孩出现在他的面前，他用衣服包着布里奇斯新买的皮鞋，另一只手提着那把小提琴。

就在这一瞬间，布里奇斯的愤怒被眼中浮现出的青色墓碑所代替，他转而微笑了："你应该就是拉姆斯敦先生的外甥鲁米吧？我是他的管家，我听说你要来，你和他长得真像啊！"

少年愣在了那儿，但他很快就反应过来说："是吗？"

"我舅舅出门去了吧？我还是先出去转转，待会来看他吧。"

他同时打算放下那把小提琴，因为没有人会拎着它出去瞎逛。

"你很喜欢拉小提琴吗？"布里奇斯问道。

"是的，先生，但我买不起。"少年回答。

"那么，我将这把小提琴送给你吧。"

少年再次惊呆了。他似乎不相信这把小提琴的主人会是一个管家，但还是拿起了它，走下楼梯。他站在客厅回头向他张望时，看到了一张布里奇斯在悉尼大剧院演出时的巨幅海报，那个特大的头部特写让少年浑身一颤。随即他消失在了布里奇斯的眼帘。

三年后，在墨尔本市的一次音乐竞赛中，布里奇斯应邀担任了那次活动的评委。

最后，一位叫梅里特的小提琴选手夺得了第一名。

布里奇斯待颁奖结束后准备离去，那个得了冠军的孩子提着一把小提琴跑到了他的面前，他脸色绯红："布里奇斯先生，您还认识我吗？"

布里奇斯困惑了。

"您曾经送过我一把小提琴，我一直珍藏着它。"少年热泪滚滚。

"以前，几乎世界上的每一个人，包括我自己都认为我是一个垃圾，是您让我在贫穷和苦难中重拾起了自尊，让我的心燃起了改变自己的烈火。今天，我可以无愧地将琴还给您了。"

布里奇斯明白了他就是那个"拉姆斯敦的外甥鲁米"。

就是这么一把小提琴，它曾改变了两个迷途少年的命运，因为它浸透着两个词汇：一个是爱，另一个是感恩！

现实中，有许多人面对繁华的生活迷失了自己，总嫌自己得到的太少，不知道珍惜所拥有的一切，甚至怨恨父母把他们带到这个世界中来，以至于做出让亲朋心痛，对社会不利的偏激之事来。生活中，值得我们感恩的实在是太多了,我们真的应当怀着一颗感恩的心来回报社会、回报父母、回报亲朋。

在一座山谷里住着一位非常有钱的农场主,名叫卡尔,他经常废寝忘食地骑着马围着他那片宽阔的农场转悠,欣赏着他的宝贵资产。一天,正当卡尔骑他着心爱的马在农场上巡视时,他看到了当地的一位老农夫汉斯。

卡尔骑马走过时,汉斯正在一棵树下坐着。卡尔问他:"你在干啥呢?"

汉斯说:"我正在感谢上天赐我食物。"

卡尔不屑一顾地说:"如果我只能吃那么差的东西,我不会感谢它。"

汉斯回答:"上天给了我需要的一切,我当然应该感谢。"老农夫又想起了什么,接着说:"对了,今天遇到你真是太巧了,因为昨天夜里我做了一个梦。在梦里有个声音告诉我:'山谷里最富有的人今天夜里会死掉。'我不知道这个梦说的是谁,但我觉得应该告诉你。"

卡尔吼叫起来:"梦都是荒唐的!"说完就骑马走开了。可他无法忘记汉斯说的"山谷里最富有的人今天夜里会死掉"这句话,因为谁都知道他是山谷里最富有的人,所以当天晚上,他把医生请到了家里,并把汉斯的话告诉给了医生。

医生给他做了全面的检查,然后对这位有钱的农场主说:"卡尔,放心吧,你的身体就像一匹马那样壮实,你不可能今天夜里就死的。"

尽管如此,为了保险起见,医生还是留下来陪着卡尔,他们打了一夜的牌。第二天早上,医生告辞回去,卡尔向医生道歉,因为自己误信一个老头的梦而搅得医生一夜没睡。上午九点时,一个报信的人来敲卡尔的门。

"什么事?"卡尔问他。

来人向他报告说:"是汉斯,他昨天夜里死在了睡梦中。"

知足常乐,安心而度,更是观心身也轻;贪得无厌,怨费心思,终日心烦难平静。知足常乐,才知感恩,才能在平凡的生活中保持年轻的心态。

帮了别人,帮了自己

拥有一颗善良和感恩之心的人,总是会在无意间得到上天恩赐的惊喜。有了善良之心,你就会被自己眷顾;有了善良之心,才能在社会的大家庭里得到更多的快乐和幸福。

在美国得克萨斯州的一个风雪交加的夜晚，一位名叫克雷斯的年轻人因为汽车“抛锚”被困在郊外。正当他万分焦急的时候,有一位骑马的男子正巧经过这里。见此情景，这位男子二话没说便用马帮助克雷斯把汽车拉到了小镇上。事后,当感激不尽的克雷斯拿出不菲的美钞对他表示酬谢时,这位男子说:“这不需要回报,但我要你给我一个承诺,当别人有困难的时候,你也要尽力帮助他人。”于是,在后来的日子里,克雷斯主动帮助了许许多多的人,并且每次都没有忘记转述那句同样的话给所有被他帮助的人。许多年后的一天，克雷斯被突如其来的洪水困在了一个孤岛上，一位勇敢的少年冒着被洪水吞噬的危险救了他。当他感谢少年的时候，少年竟然也说出了那句克雷斯曾说过无数次的话:“这不需要回报，但我要你给我一个承诺……”克雷斯的胸中顿时涌起了一股暖暖的激流:“原来,我穿起的这根关于爱的链条,周转了无数的人,最后经过少年还给了我,我一生做的这些好事,全都是为我自己做的！”

克雷斯在得到帮助以后,心中充满了感激,所以他伸出了自己的双手,用自己的双手为更多的人带来了帮助。在付出的那一刻，他没有想到要得到回报,在他的心中,驻足的只有那因感恩而获得的快乐。帮助他人的时候就是在帮助自己,救助他人就是在救助自己。

曾经有一位女子,丈夫出海远行,数年未归。由于思念,她每天都到海边岩石上守望。一天,天空乌云密布,女子照常来到海边。海上狂风大作,她远远望见一艘帆船在汹涌的浪涛中挣扎,最后开始慢慢下沉。女子来不及细想,飞快地跑回村里,召集村人去救助海难。当船上的人平安上岸后,女子不由悲欣交集——被救上岸的人中有她正在远行多年而今朝归来的、日思夜想的丈夫。

我们都不是孤单的一个人，只要生活在这个世界里的人，都无法回避他人。我们需要互帮互助。宇宙有一个神秘的链条,这个链条是对善良和知道感恩的人准备的。只要我们时刻怀着一颗付出的爱心,那么你就会得到“神”赐予我们的礼物。

你方便他人同时，其实就是在方便自己。

有一个盲人住在一栋楼里。每天晚上他都会到楼下花园去散步。奇怪的是，不论是上楼还是下楼，他虽然只能顺着墙摸索，却一定要按亮楼道里的灯。一天，一个邻居忍不住，好奇地问道："你的眼睛看不见，为何还要开灯呢？"盲人回答道："开灯能给别人上下楼带来方便，也会给我带来方便。"邻居疑惑地问道："开灯能给你带来什么方便呢？"盲人答道："开灯后，上下楼的人都会看得清楚些，就不会把我撞倒了，这不就给我方便了吗？"邻居这才恍然大悟。

读到这里的人都该恍然大悟的不是吗？人们总是理所当然地认为，帮助他人就是帮助他人，我会帮助别人那是因为我善良，而很少会知道，其实你没有帮助他人，你是在帮助自己。如果每个人都知道这一点，每个人都怀着这样的一颗爱心，那么我们的社会大家庭当下就是天堂。

以感恩的心态面对一切

感恩，一种人性中最美，也是最珍贵的态度。它可以让我们在纷扰的尘世中保持一份心灵的宁静，在面对人和事的时候，用一种虔诚的心态泰然处之。

史蒂文斯失业了，一切来得那么突然。他是个程序员，在软件公司干了8年，他一直以为将在这里做到退休，然后拿着优厚的退休金颐养天年。然而，这一年公司倒闭。

史蒂文斯的第三个儿子刚刚降生，他感谢上帝的恩赐，同时意识到，重新工作已经迫在眉睫。作为丈夫和父亲，自己存在的最大意义，就是让妻子和孩子们过得更好。

他的生活开始凌乱不堪，每天的工作就是找工作。一个月过去了，他没找到工作。除了编程，他一无所长。

终于，他在报上看到，有一家软件公司要招聘程序员，待遇不错。史蒂文斯揣着资料，满怀希望地赶到公司。应聘的人数超乎想像，很明显，竞争将会异常激烈。经过简单交谈，公司通知他一个星期后参加笔试。

笔试中，史蒂文斯轻松过关，公司通知他两天后面试。他对自己8年的工作经验无比自信，坚信面试不会有太大的麻烦。然而，考官的问题是关于软件业未来的发展方向，这些问题，他竟从未认真思考过。

史蒂文斯觉得公司对软件业的理解，令他耳目一新，虽然应聘失败，可他感觉收获不小，有必要给公司写封信，以表感谢之情。于是立即提笔写道："贵公司花费人力、物力，为我提供了笔试、面试的机会。虽然落聘，但通过应聘使我大长见识，获益匪浅。感谢你们为之付出的劳动，谢谢！"

这是一封与众不同的信，落聘的人没有不满，毫无怨言，竟然还给公司写来感谢信，真是闻所未闻。这封信被层层上递，最后送到总裁的办公桌上。总裁看了信后，一言不发，把它锁进抽屉。

3个月后，新年来临，史蒂文斯收到一张精美的新年贺卡，上面写着：尊敬的史蒂文斯先生，如果您愿意，请和我们共度新年。贺卡是他上次应聘的公司寄来的。原来，公司出现空缺，他们不约而同想到了史蒂文斯。

这家公司是美国微软公司，现在闻名世界。十几年后，凭着出色的业绩，史蒂文斯一直做到了副总裁。

以感恩的心态面对一切，包括失败，你会发现，人生其实很精彩。

在一个闹饥荒的城市，一个家庭殷实而且心地善良的面包师傅把城里最穷的几十个孩子聚集到一块，然后拿出一个盛有面包的篮子，对他们说："这个篮子里的面包你们一人一个。在上帝带来好光景以前，你们每天都可以来拿一个面包。"

瞬间，这些饥饿的孩子仿佛一窝蜂拥了上来，他们围着篮子推来挤去，大声叫嚷着，谁都想拿到最大的面包。当他们每人都拿到了面包后，竟然极少人向这位好心的面包师傅说声谢谢。

有一个叫露西的小女孩却例外，她既没有同大家一起吵闹，也没有与其他人争抢。她只是谦让地站在一步以外，等别的孩子都拿到以后，才把剩在篮子里最小的一个面包拿起来。她并没有急于离去，而是向面包师傅表示了感谢，并亲吻了面包师傅的手之后才向家走去。

第二天，面包师傅又把盛面包的篮子放到了孩子们的面前，其他孩子依旧如昨日一样疯抢着，羞怯、可怜的小露西只得到一个比头一天还小一半的面包。当她回家以后,妈妈切开面包,许多崭新、发亮的银币掉了出来。

妈妈惊奇地叫道:"立即把钱送回去,一定是揉面的时候不小心揉进去的。赶快去,小露西,赶快去!"

当小露西把妈妈的话告诉面包师傅的时候,面包师傅面露慈爱地说:"不,我的孩子,这没有错。是我把银币放进小面包里的,我要奖励你。愿你永远保持现在这样一颗平安、感恩的心。回家去吧,告诉你妈妈这些钱是你的了。"

她激动地跑回了家,告诉了妈妈这个令人兴奋的消息,这是她的感恩之心得到的回报。

懂得感恩的人,自然会有惊喜在前面等着他。这是上天的恩赐。我们感恩一切美好的人和事,更要感恩我们的遭遇,只有这样,我们才能真正感受到生活的美好。

生命因为爱而五彩缤纷

在漫长的生命旅途中,我们总是能得到来自陌生人的关爱和帮助。虽然彼此之间素昧平生、毫无关系,但是在某种机缘的巧合之下,他们的一句话、一个眼神、一个礼物,就可以为我们点燃快乐的灯光,绚烂的却是整个生命。

曾经无意间看到过这样一个故事:

20 世纪爆发了一场战争,一名叫丽娜的普通家庭主妇从报纸上看到,有些参战的士兵由于没有家庭,从而缺少亲情的慰藉。让他们倍感孤单、失落,作战士气极为地消沉。作为两个孩子的母亲,丽娜决定给予这些无依无靠的士兵以心灵的寄托。她以亲人的身份给他们写信:收信人是"每一位参战的士兵",落款的地方一律是"最爱你们的人",而信的内容则是一些小诗、一些有趣的故事,或者是一些勉励的话语。

丽娜每天工作很辛苦,而且还要照顾孩子,但她仍尽自己最大的努力坚持写信。这些信寄到参战部队后,被部队军官当作消除士兵恐惧、提高士气的良药,并很快送到那些没有或者很少有家人寄信过来的士兵手中。

从报纸新闻上,丽娜进一步了解到,有些士兵由于环境恶劣,缺少关怀,从而意志消沉,精神苦闷。丽娜意识到只是写些普通的信还不够,她必须要让士兵们感受到最真挚的关爱。丽娜反复思考，在一个偶然的机会下，她看到书桌上散落着几个五颜六色的回形针，便灵机一动有了一个创意。她将每个信封装上一枚黄色的回形针，同时附上一段话语："回形针代表我给你的一个拥抱。当你情绪低落的时候，把它掏出来摸一摸，你就会知道有人在关心你、惦记你。如果我在你的身边，一定会真诚地给你一个拥抱。另外，黄色代表胜利，我们在家期盼着你们凯旋的消息。"信封上收信人一栏依旧写着"任何一位参战的士兵"。这样的信，丽娜还是每天写20多封。

直到战争结束，丽娜一共寄出了600多封装有黄色回形针的信，即便如此，可丽娜还是觉得和600多亿美元的战争花费相比，自己的贡献是不值得一提的，丽娜没有收到回信，因为她没有留下自己的地址和姓名。另外，丽娜也没有从战地记者发回的报道上看到有关自己写信的消息。渐渐的，丽娜对自己的热情努力和新颖做法就淡忘了。

日子一天天过去了，转眼间，战争结束已经快10年了。一天清晨，丽娜梳洗完毕要去上班，但在她打开房门的一刹那，她惊呆了：门口笔直地站着一排排穿戴整齐的绅士。

他们每人手里拿着一朵玫瑰花，见到她齐声喊道："我们爱你，丽娜女士！"

一瞬间，人们簇拥了上来，将丽娜紧紧地包围，此时的她就像受人追捧的明星，被鲜花和掌声包围着。

原来，在战争结束十周年之际，参战士兵联合会进行了"战争中我最难忘的事"的评选活动，"回形针关爱"被列为首选。因为所有收到回形针信件的士兵至今都难以忘怀，在那艰难的岁月，是一封封充满关爱、幽默风趣的信给了他们无穷的信心和勇气。于是他们决定找到写信人。

寻找寄信人并不复杂，从信戳上看，所有回形针信件都是从一个邮局寄出的。虽然时间过去很久了，但因为这些信件特殊，所以邮局工作人员记忆犹新。他们告诉参战士兵，是附近的丽娜女士寄出的。

他们决定采取一种特殊的感恩方式，即在战争结束10周年纪念日，一起来到丽娜家，送给她一个惊喜。通过互联网联络，100多名当年得到"回形针关爱"的人报名参加，另外，还有数百名战友虽然没有收到这样的特殊邮件，但主动要求一起来分享人间的真情，于是就有了丽娜刚才看到的那一幕。

在谈话中，一位老兵说："战争期间，在我万分沮丧、痛苦不堪甚至想到自杀时，我收到了一封带有回形针的信件，落款的地方是最想念和爱护我的人，就在那一刻，我忽然觉得不再是孤军奋战了，是回形针信件给予我安慰和希望，给予我无形的力量，让我走出阴影，正确面对战争。虽然我不知道信件是哪个人寄出的，但我知道有人想念着我，爱护着我。是回形针信件让我从战争的死亡和血腥中看到了温暖和光明。”

另一位老兵说：“在我收到回形针信件后，我一直在思索是谁寄给我的。我有时觉得寄信人是我年迈的父母，有时觉得是我的邻居阿姨，有时觉得寄信人是我的中学同学，有时又觉得寄信人是喜欢我的女孩。可是后来，我想，不管寄信的人是谁，他(她)都是我应该尽全力保护的人。”

还有一位年轻的小伙子，从口袋里掏出那枚仍未褪色的黄色回形针，感叹地说：“战争是残酷的，我参军的时候还小，幸好有它陪伴着我，使我恐惧、孤独的心有了精神的寄托。这种陌生的爱一直支撑着我到战争结束，可以说，没有这枚回形针，就没有我的今天。即便战争已经远去，它也依然温暖着我，让我对生命充满了希望。”

丽娜的眼睛湿润了，她从来没有想过，一枚小小的回形针，会让这些经历了战火纷飞、生离死别的士兵们念念不忘，更没有想到，自己竟然会得到这样一份永生难忘的美好记忆。

仁爱之心是人性最美的珍宝，无论何时何地，只要怀着一颗爱的心，我们就会得到如玫瑰一般的芳香，在自己都不曾注意的善举中，我们的灵魂共同得到洗礼和升华。一份关爱，一份恩情，即使是来自陌生人，都能让我们深深体会那生命绚丽多姿的快乐。

第十三章 乐观直面人生，幸福一刻恒久远

有句话说得好："心中有阳光，到哪里都是晴天。"生命需要阳光，其实心态更需要阳光。阳光心态是一种积极、宽容、感恩、乐观和自信的心智模式。它是一种健康的心态，能让人心境良好，人际关系正常，适应环境，力所能及地改变环境，让人保持人格健康。具备阳光心态，可以使人深刻而不浮躁，谦和而不张扬，自信而有亲和。乐观才能幸福恒久远……

心态改变人生

有两个年龄差不多的兄弟，哥哥是城市里最顶尖的会计师，弟弟是监狱里的囚徒。

一天，有记者去采访当会计的哥哥，问他成为这么棒的会计师的秘诀是什么？哥哥说："我家住在贫民区，爸爸既赌博，又酗酒，不务正业；妈妈有精神病。我不努力，能行吗？"

第二天，记者又去采访当囚徒的弟弟，问他失足的原因是什么？弟弟说："我家住在贫民区，爸爸既赌博，又酗酒，不务正业；妈妈有精神病。没有人管我，我吃不饱，穿不暖，所以去偷去抢……"

故事告诉我们，影响我们人生的不是环境，不是条件，不是出身，更不是腰包里有没有钱，而是态度。

一群印第安人围住一家新开的店铺，只看不买。当地的印第安酋长来了，他对店主说："把你的货物拿来看看。啊哈！我要给自己买一条毯子，给我的妻子买一块印花布……我的毯子需要付三块貂皮，印花布需要付一块貂皮。这样吧，我明天给你。"

第二天，酋长背着一个大包来了，包里全是貂皮。"嗨，我给你付账来了。"

他从包里抽出四块貂皮，放在柜台上，稍稍犹豫了一会儿，他又抽出第五块，这是一块特别珍贵、特别稀有的貂皮，他把它也放在柜台上。“已经够了，”约翰把它推回去，“你只欠我四块貂皮，我只收下我应得的。”他们为四块、五块的事推让了半天，然后酋长的脸上露出了满意的神色。

酋长把第五块貂皮放回包袱里，看了看店主，然后跨出门去，朝他们的族人喊道：“来吧！来吧！跟他做买卖吧，他不会欺骗我们印第安人的！他不是个贪心的人！”

酋长又转身对店主说：“如果你刚才收下最后一块貂皮，我就会叫他们不要跟你打交道，我们还会赶走其他顾客。但是现在，你已经是印第安人的朋友了。”

天黑之前，这家店铺就堆满了毛皮，店主的抽屉里也塞满了现金。

由此可见，拥有良好的心态是我们打赢人生这局牌的关键。不贪不争仅是良好心态中的一种，但我们应该保持这种良好的心态。只有这样，生活中才会充满信任、充满美好，才能更好地幸福生活。

罗森在一家夜总会里吹萨克斯，收入不高。然而，总是乐呵呵的，对什么事都表现出乐观的态度。他常说：“太阳落了，还会升起来，太阳升起来，也会落下去，这就是生活。”

罗森很爱车，但是凭他的收入想买车是不可能的。与朋友们在一起的时候，他总是说：“要是有一部车该多好啊！”眼中充满了无限向往。

有人逗他说：“你去买彩票吧，中了奖就有车了！”

于是他买了两块钱的彩票。可能是上天优待于他，罗森凭着两块钱的一张体育彩票，果真中了个大奖。

罗森终于如愿以偿，他用奖金买了一辆车，整天开着车兜风，夜总会也去得少了，人们经常看见他吹着口哨在林荫道上行驶，车也总是擦得一尘不染的。

然而，有一天，罗森把车泊在楼下，半小时后下楼时，发现车被盗了。

朋友们得知消息，想到他那么爱车如命，几万块钱买的车眨眼工夫就没了，都担心他受不了这个打击，便相约来安慰他：“罗森，车丢了，你千万不要太悲伤啊！”

罗森大笑起来，说道：“嘿，我为什么要悲伤啊?”

朋友们疑惑地互相望着。

“如果你们谁不小心丢了两块钱，会悲伤吗？”罗森接着说。

“当然不会！”有人说。

“是啊，我丢的就是两块钱啊！”罗森笑道。

换一个角度，就能得到快乐。丢掉生活中的负面情绪，要有一种勇于面对挫折和烦恼的胸怀，而这个胸怀就是让我们走向成功人生所必须的。

积极的心态成就双赢的人生

积极心态是一种主动的生活态度，对任何事都有足够的控制能力，反映了一个人的胸襟、魄力。积极的心态会感染人，给人以力量。

有一对性格迥异的双胞胎，哥哥是彻头彻尾的悲观主义者，弟弟则像个天生的乐天派。在他们8岁那年的圣诞节前夕，家里人希望改变他们极端的性格，为他们准备了不同的礼物：给哥哥的礼物是一辆崭新的自行车，给弟弟的礼物则是满满的一盒马粪。

拆礼物的时候到了，所有人都等着看他们的反应。

哥哥先拆开他那个巨大的盒子，竟然哭了起来：“你们知道我不会骑自行车！而且外面还下着这么大的雪！”

正当父母手忙脚乱地哄他高兴的时候，弟弟好奇地打开了属于他的那个盒子——房间里顿时充满了一股马粪的味道。出乎意料，弟弟欢呼了一声，然后就兴致勃勃地东张西望起来：“快告诉我，你们把马藏在哪儿了？”

对于一个悲观的人来说，天下没有一张合适他的凳子；对于一个快乐的人来说，即使天空下着雨，他的心空也是明媚的。

美国一家铁路公司，有一位调车员叫乔伊。他工作认真负责，不过有一个缺点，就是他对自己的人生很悲观，常以否定的眼光去看世界。

有一天，同事们为了赶着去给老板过生日，都提早急急忙忙地走了。不巧的是，乔伊不小心被关在了一辆冰柜车里，无法把门打开。于是他在冰柜车里拼命地敲打着、叫喊着,可由于除他之外全公司的人都走完了,没有一个人来给他开门。

乔伊的手敲得红肿,喉咙喊得沙哑,也没有人理睬,最后他只得绝望地坐在地上喘息。他想,冰柜里的温度在零下20度以下,如果再不出去肯定会被冻死的。他愈想愈可怕,最后只好用发抖的手,找来纸和笔,写下了遗书。在遗书里,他写道:我知道在这么冷的冰柜里,我肯定会被冻死的,所以……当第二天公司职员打开冰柜时,发现了乔伊的尸体。

同事们感到十分惊讶,因为冰柜里的冷冻开关并没有启动,而这巨大的冰柜里也有足够的氧气,乔伊竟然被冻死了!

其实,乔伊并非死于冰柜里的温度,尸检报告也显示没有被谋杀或急病猝死的可能,那么是什么原因呢?他是死于自己心中的冰点。因为他根本不敢相信这辆一向轻易不会停冻的冰柜车,这一天恰巧因要维修而未启动制冷系统。他的不敢相信使他连试一试的念头都没有产生,反而坚信自己一定会被冻死。

这种现象就是心理学中常说的消极暗示效应。悲观的人往往会自怨自艾而生出病来,严重的可能导致死亡。与之相反的就是积极心理暗示,所谓积极心理暗示,通俗地说就是坚信自己一定行,一定能办好自己想做的事,一定会顺利完成任务,一定能实现人生目标,也就是让人充满自信!

十几岁的比利安经常为很多事情发愁。他常常为自己犯过的错误自怨自艾。每次交完考试卷以后,常常会半夜里睡不着,害怕没有考及格。他总是想那些做过的事,希望当初没有这样做;总是回想那些说过的话,后悔当初没有将话说得更好。

一天早上,全班到了科学实验室。老师保罗·布兰德威尔博士把一瓶牛奶放在桌子边上。大家都坐了下来,望着那瓶牛奶,不知道它和这堂生理卫生课有什么关系。

过了一会,保罗·布兰德威尔博士突然站了起来,一巴掌把那牛奶瓶打碎在水槽里,同时大声叫道:“不要为打翻的牛奶而哭泣。”

然后,他叫所有的人都到水槽旁边,好好地看看那瓶打翻的牛奶。

“好好地看一看,”他对大家说,“我希望大家能一辈子记住这一课,这瓶牛奶已经没有了——你们可以看到它都漏光了,无论你怎么着急,怎么抱怨,都没有办法再救回一滴。只要先用一点思想,先加以预防,那瓶牛奶就可以保住。可是现在已经太迟了,我们现在所能做到的,只是把它忘掉,丢开这件事情,只注意下一件事。”

不要为打翻的牛奶而哭泣,相信船到桥头自然直,积极地去面对下一件事情。过去的已经过去了,我们不必追悔,只需要关注于当下,调整好自己的心态,以积极的态度来迎接下一次的挑战。

成功与失败有着巨大的差距,但造成巨大差异的原因却非常小,最主要的原因是心态与思维方式的差异。积极的人总看到好的一面,总做好事,总说好话,常常心情愉快、人际和谐、事业成功。积极乐观的人总是对未来充满希望,并积极采取行动,故而取得好的结果。消极悲观的人总看到坏的、危险的一面,丧失信心,逃避放弃,结果等待他的自然是失败。

同一块石头,对乐观的人而言是垫脚石,对悲观的人却是绊脚石。所以说问题并不在事物的本身,而在于看待问题、解决问题的方式。请永远不要忘记,双赢的人生离不开积极的心态。

乐观就是希望

托尔斯泰曾说过:“生活,就应当努力使之美好起来。”乐观就是在无论什么情况下,即使再差也保持良好的心态,也相信坏事情总会过去,相信阳光总会再来的心境。

霍金从小就拥有对自然科学的强烈兴趣,在大学时代(当时还没患病),他就意识到,肯定会有一套能够解释宇宙的万物理论,并陶醉于对其的思索之中,把之当作了自己的信仰,并具有极强的使命感。

在他21岁得知自己患上了不治之症后他也消沉过一段时间,极度失望时他做了一个梦,梦见自己努力去帮助一些人们。医生当时预测他最多只能活2年,但2年过后情况并不是非常糟糕。后来他又想到了以前曾和自己一个病房的男孩,那个男孩第二天就死去了。他似乎明白了什么,他觉得自己还不算倒霉,不应该就这样放弃,自己17岁就考上剑桥大学,拥有异乎常人的头脑。

患病后,霍金为了家庭,为了自己的理想,果断地“站了起来”,继续了自己的研究。他自己在个人传记中谈到,他并不认为疾病对他有多大影响,他每天都陶醉在自己的世界之中,努力不去思考自己的疾病。同时,他又努力证明自己能够像常人那样生活!霍金在自己的生活中,只要能做到的事情绝不麻烦别人,他很憎恨别人把自己当作残疾人,他说,一个人身体残疾了,绝不能让精神也残疾。霍金的意志力是非常坚强的,同时他又是一个对生活很有主见的人。他对生活永远充满了乐观和幽默的态度。在他患病后,曾有6次非常近距离地和死神交手,他都顽强地活了下来。

一次霍金演讲结束后,一位女记者冲到演讲台前问到:“病魔已将您永远固定在轮椅上,你不认为命运让你失去太多了吗?”大师的脸上充满了笑意,用他还能活动的3根手指,艰难地叩击键盘后,显示屏上出现了四段文字:“我的手指还能活动;我的大脑还能思维;我有终生追求的理想;我有爱我和我爱的亲人和朋友。”在回答完那个记者的提问后,他又艰难地打出了第五句话:“对了,我还有一颗感恩的心!”现场顿时爆发出了雷鸣般的掌声。

的确用霍金自己的话来说,活着就有希望,人永远不能绝望!比大海更广阔的是天空,比天空更广阔的是人的胸怀!即使病魔把霍金关在果壳中,他也是无限空间之王!面对生活中遇到的困难,我们如果能够保持一份乐观的心态,那么,未来的道路必然是充满阳光的。关键的,我们可以通过这种乐观的心态不断地激励自己,从而走向成功。

英特尔公司的总裁安迪·葛鲁夫曾是美国《时代》周刊的风云人物。很多人只知道他是美国巨富,却不知道他也有鲜为人知的苦难经历。

由于家境贫寒,安迪·葛鲁夫从小便吃尽了缺衣少食和受人藐视的苦头,他发誓要出人头地。他在上学期间便表现出了商业天分,从市场上买来各种半导体零件,经过组装后低价卖给同学,他只从中赚取手续费。由于他组装的半导体比原装的便宜很多,而质量却不相上下,所以在学校里很走俏。他的学习成绩也异常优秀。可是谁也想不到,他竟是个极度悲观的人,也许是受贫困的家境影响,凡事他都爱走极端,这在他以后的经商之路上淋漓尽致地表现了出来。

那是安迪·葛鲁夫第三次破产后的一个黄昏,他一个人漫步在家乡的河边。他从早早去世的父母,想到了自己辛苦创下的事业一次次破产,内心充满了阴云。悲痛不已的他在号啕大哭一番后，望着滔滔的河水发呆，他想如果他就这样跳下去的话，很快就会得到解脱，世间的一切烦愁都与他无关了。突然，对岸走来一位憨头憨脑的青年，他背着一个鱼篓，哼着歌从桥上走了过来，他就是拉里·穆尔。

安迪·葛鲁夫被拉里·穆尔的情绪感染，便问他："先生，你今天捕了很多鱼吗？"

拉里·穆尔回答："没有啊，我今天一条鱼都没捕到。"

安迪·葛鲁夫不解地问："你既然一无所获，那为什么还这么高兴呢？"

拉里·穆尔乐呵呵地说："我捕鱼不全是为了赚钱，而是为了享受捕鱼的过程，你难道没有觉得被晚霞渲染过的河水比平时更加美丽吗？"

一句话让安迪·葛鲁夫豁然开朗。于是，这个对生意一窍不通的渔夫拉里·穆尔，在安迪·葛鲁夫的再三央求下，成了他的贴身助理。

很快，英特尔公司奇迹般地再次崛起。在创业的数年间，公司的股东和技术精英不止一次地向总裁安迪·葛鲁夫提出质疑："那个没有半点半导体知识、毫无经商才能的拉里·穆尔，真的值得如此重用吗？"

安迪·葛鲁夫说："是的，他确实什么都不懂，而我也不缺少智慧和经商的才能，更不缺少技术。我缺少的只是他面对苦难的豁达心胸和面对人生的乐观态度，而他的这种豁达心胸和乐观态度，总能让我受到感染而不至于做出错误的决策。"

如果我们保持乐观的人生态度，那么，对于周围的人而言，其实也是一种人生财富。所以，不必悲观过去的种种不幸，我们只需抬起头，勇敢地面对即将到来的一切，我们的人生自然会因此而发生改变。

快乐来自坦然

一个人坐在轮船的甲板上看报纸，突然一阵大风把他新买的帽子刮落到大海中，他用手摸了一下头，看看正在飘落的帽子，又继续看起报纸来。

另一个人大惑不解："先生，你的帽子被刮入大海了！"

"知道了，谢谢！"他仍继续读报。

"可那帽子值几十美元呢！"

“是的，我正在考虑怎样省钱再买一顶呢！帽子丢了，我很心疼，可它还能回来吗？”说完那人又继续看起报纸来。

牛奶洒了，哭也没用。我们不能为已经失去的东西追悔莫及，反而应该坦然面对已经失去的，用积极的心态来迎接即将到来的。许多人都有过丢失某种重要或心爱之物的经历，并因此而备受折磨。究其原因，就是我们没有调整心态去面对失去，没有从心理上承认失去，只沉湎于已不存在的东西，而没有想到去创造新的东西。

年轻人在这个地铁站口一共待了78天，也挨了执法者78记耳光。

一个18岁左右、衣衫褴褛的男孩，在华盛顿朗方广场地铁站口找了个合适的位置，他将一个废弃的垃圾桶当作桌子，把小提琴规规矩矩地摆在上面，刚被打开的旧琴盒放在脚边，他趁人不注意，从怀里找到几美分的硬币扔进琴盒里。

做完这些后，他仰起头肆意地享受着地铁站口洒下的几缕阳光。他的表演开始了，他计划着今天能有多少可观的收入，并且想着省下一顿午餐后，能够有一顿丰盛的晚餐，也许还可以买上一只香甜可口的鸡翅，不过这一切都取决于今天的收入情况。

陌生的路人，怀疑的眼神，从他的身边匆匆忙忙地闪过，狭窄的地铁站口响起悠扬的乐曲，与人们的咳嗽声、说话声掺杂在一起。在这里，几乎没有人在意他的存在。

不过，执法者在意，因为他实在有碍市容。一个戴着彩色礼帽的家伙要求他立即收拾家伙离开此地，因为有人检举此地有不雅音乐传播，极大地影响了华盛顿作为世界名都的风采。

他依旧故我，没动地方，已经穷到天不怕地不怕的地步了，任凭你东西南北风能奈我何？

执法者显然怒不可遏，他又采取其他措施试图撵走这个年轻人，但是他失败了，这个年轻人依然站在原地沉浸在自己的音乐世界中。执法者扬起了右手，一记耳光准准地掴在年轻人的脸庞上，音乐声戛然而止，年轻人的嘴角上沁出丝丝鲜血。

当音乐声再次响起时，执法者无奈地摇头离开了现场，他不服输地对年轻人吼道："明天，你必须离开这个地方！我还会来的，如果你还不走，我还会掴你耳光，如果你不走，我会每天送你一记耳光，直到你离开这个地方。"

也许是执法者粗鲁的行为惹了众怒，许多人围拢过来，有的好心人还将纸巾送给年轻人，让他擦去嘴角的鲜血。傍晚时分，终于有位老者注意到了他，静静地听了许久，眼角闪现出点点星光。

那一日，他听到了从未有过的赞赏。老者对他说："年轻人，你很有前途，你拉得很好，只是太稚嫩了。"

第二天上午，那位执法者准时出现在他的面前，他看到这个年轻人依然如此心无旁骛，简直是对自己尊严的一次致命挑衅，他扬起左手来，又将一记耳光深深地印在年轻人的脸上。这一次，年轻人的音乐声没有停下来，只是带了些许悲伤。

年轻人在这个地铁站口一共待了 78 天，也挨了执法者 78 记耳光。有人说这个执法者太残酷了，也有人说这是一种炒作，是为了提高这个年轻人的知名度。

但无论如何，两年后的一个春天，在波士顿交响乐厅举行的演奏会上，票价 100 美元的音乐厅内座无虚席。人们欣赏着这位意气风发的年轻人精彩绝伦的演出，有人说他是世界上最出色的小提琴家，他的演奏中有着浓郁的生活气息，很容易听懂。

《华盛顿邮报》评价这位当年受过 78 记耳光的年轻人：是耳光唤醒了他的聪明才智。

乔舒亚·贝尔，这个当时穷困潦倒的年轻人谈起自己的成功，不无感慨当年的耳光："开始时自己感觉委屈，后来便想着与执法者较劲，心思反而更加缜密，感受更加真切起来。灵魂被触痛的感觉，使自己一下子找准了生命的坐标。"

一次耳光，它可以使一个人郁郁寡欢、一蹶不振，也可以使一个人犹如醍醐灌顶而意气风发。关键不在于耳光本身，而在于 78 次的承受与坚持。人生路上，我们会有很多类似的遭遇。只要我们能够坦然地面对这些遭遇，遭遇也能变成我们成功的助推器。

幸福是一种态度

人人都渴望成功，但哈佛的教育理念是幸福比成功更重要，他们致力于培养幸福的人。但什么是幸福呢？哈佛认为幸福不是由物质决定的，而仅仅是一种心态。

有一个故事，说有这样一位老太太，整天为两个儿子发愁。她的大儿子是染布的，小儿子是卖伞的。天一下雨，她就会为大儿子发愁，因为不能晒布了；天一放晴，她就会为二儿子发愁，因为不下雨，二儿子的伞就卖不出去。老太太总是愁眉紧锁，没有一天开心的日子，弄得疾病缠身，骨瘦如柴。老太太到寺院求菩萨，一位僧人告诉她："为什么你不反过来想呢？天一下雨，你就为二儿子高兴，因为他可以卖伞了；天一放晴，你就为大儿子高兴，因为他可以晒布了。"老太太恍然大悟，从此以后每天都是乐呵呵的，身体也自然健康起来了。

幸福有时候就在我们身边，只是我们没有发现而已。

一个富人经常看到经过他家门口的穷人脸上挂满了笑容，便想：我什么都不缺，但为什么我不快乐，更不觉得幸福？而他却……百思不得其解。他终于忍不住问："先生，看你日子过得很清贫，可你为什么脸上总洋溢着幸福的笑容呢？"

穷人笑道："因为我每天的这个时候可以带给我的孩子和妻子食物，虽然不是什么山珍海味，但我们能吃饱。晚饭后，我骑车带他们散步，虽然比不上小轿车舒服，但我觉得很温馨。我有的这一切让我感到幸福。难道我要因比不上富人的生活而苦恼一辈子，远离幸福吗？幸福是一种心态，珍惜所拥有的，知足常乐，就是幸福。"

穷人走后，富人想了好久，他试着想两个可爱的孩子，还有他贤惠的妻子，虽然不很漂亮，但是组成一个完整的家，还有他的事业，充裕的物质条件，这些都是好多人不能拥有的，可他已经拥有了，他还有什么要挑剔的？此刻，他豁然开朗，他觉得他是世间最幸福的人。

幸福其实就是一种感觉。“思量疾厄苦，无病便是福，思量悲难苦，平安便是福；思量死来苦，活着便是福”。幸福与贫富无关，与地位无关，与名气无关，与一切外部世界物化的东西都无关，它仅与心态有关。清晨起来走在郁郁葱葱的校园里，感受那种夹杂着美好回忆的校园气息；仲春5月途经丁香林，深深地呼吸那浓郁的丁香花香；坐在芳草连天的呼伦贝尔草原上，白云蓝天，清风拂面，默默感受那难得的轻松；深秋时节，走进一片试验林，踏上铺满落叶的土地，看那天高云淡；冬日坐在房间里，为你披上外套，外面虽然很冷，心里却是暖暖的；走在唯美的古墙下，感受那冬日暖阳；看昏黄路灯下漫天飞舞的雪花……这就是幸福。调整心态享受生活，享受幸福。

好的心态创造完美人生

古希腊的大哲学者苏格拉底还是单身的时候，和几个朋友一起住在一间只有七八平方米的小屋里。尽管生活非常不便，但是他一天到晚总是乐呵呵的。

有人问他：“那么多人挤在一起，连转个身都困难，有什么可乐的？”

苏格拉底说：“朋友们在一块儿，随时都可以交换思想，交流感情，这难道不是很值得高兴的事儿吗？”

过了一段时间，朋友们一个个相继成家了，先后搬了出去。屋里只剩下了苏格拉底一个人，但是他每天仍然很快活。

“我有很多书啊！一本书就是一个老师。和这么多老师在一起，时时刻刻都可以向它们请教，这怎能不令人高兴呢？”

几年后，苏格拉底也成了家，搬进一栋大楼里。这栋大楼有七层，他的家在最底层。底层在这座楼里环境是最差的，上面老是往下面泼污水、丢死老鼠、破鞋子、和杂七杂八的脏东西，那人见他还是一副自得其乐的样子，好奇地问：“你住这样的房子，也感到高兴吗？”

“是啊！你不知道住一楼有多少妙处啊！比如：进门就是家，不用爬很高的楼梯；搬东西方便，不必花很大的力气；朋友来访容易，用不着一层楼一层楼地去叩门询问。特别让我满意的是，可以在空地上养一丛一丛的花儿，种一畦一畦的菜，这些乐趣啊，数之不尽啊！”苏格拉底情不自禁地说。

过了一年，苏格拉底把第一层的房间给了一个朋友，这位朋友家有一个偏瘫的老人,上下楼很不方便。他搬到了楼房的最高层——第七层,可是他每天仍是快快乐乐的。

那人又故意问他:"先生,住七楼是不是也有许多好处啊?"

苏格拉底说:"是啊,好处可真不少呢!仅举几例吧,每天上下几次,就是很好的锻炼机会,有利于身体健康;光线好,看书写文章不伤眼睛;没有人在顶上干扰,白天黑夜都非常安静。"

后来,那人遇到苏格拉底的学生柏拉图,问道:"你的老师总是那么快快乐乐,可我却感到,他每次所处的环境并不那么好啊!"

柏拉图说:"决定一个人心情的,不在于环境,而在于心境。"

绝不仅仅是环境影响人生,主要在于心态,是心态控制了一个人的思想和行为,也是心态决定了一个人的视野、事业和成就。一个有生机、有计划、善于克服消极心态的人,一定会不辞任何劳苦,聚精会神地向前迈进,塑造自己的风采人生。这样你就会解放思想,放下包袱,树立起积极的人生观、价值观,从而获得成功的人生。这样你就会拥有良好的心境、坚强的意志、优良的品质、正常的人际关系,并且主动适应并改造环境,积极创造完美的人生。

要么你去驾驭生命,要么是生命驾驭你。你的心态决定谁是坐骑,谁是骑师。你是否羡慕神童,也期望自己像神童一样有超常的智力,然而智商超常并不等于前途无量。人的智力虽然存在差别,但差别很小,智力超常和智力低下者都占极少数,不到3%。其实大展宏图,走向成功有一个很关键的因素,那就是你的心理状态。天才和伟人之所以与众不同,其决定因素并不在于他们的智商超乎于常人,也不是技能或者身体条件比常人更突出,而是他们有超于常人的良好心态。看了下面这个心理实验。你就会了解心态对人的行为的影响力有多大。

弗洛姆是美国一位著名的心理学家。弗洛姆想了解人的心态对行为到底会产生怎样的影响,于是做了下面这个实验。

首先,弗洛姆让10个人穿过一间黑暗的房子,在他的引导下,这10个人都成功地穿过了房子。然后,弗洛姆打开房间的一盏灯。在昏暗的灯光下,这些人看清了房子内的一切,都惊出一身冷汗。这房间里,地面是一个大水池,水池里有几条大鲸鱼,水池上方搭着一座窄窄的小木桥。他们刚才就是从这座小木桥上走过去的。

弗洛姆问:"现在,你们谁还愿意再次穿过这间房子?"没人回答。过了许久,有3个自告奋勇的人站了出来。其中一个小心翼翼地走了过去,速度比第一次慢了许多;第二个晃晃悠悠地踏上小木桥,走到一半时,只能爬着过去;第三个刚走几步就一下子趴在桥上,根本不敢走过。

弗洛姆打开房间的另外几盏灯,灯光把房间照得通明。在明亮的灯光下,人们才发现小木桥下面有一张安全网。由于网的颜色非常浅,在昏暗的灯光下根本看不见。现在,谁愿意通过这座小木桥?"弗洛姆问道。这次很快有5个人站了出来。"你们俩呢?为什么不愿意?"弗洛姆问剩下的两个人"我怕这张安全网不结实。"两个人异口同声地答道。

这座桥本来不难走,可是桥下的鲸鱼对人造成了心理威慑,于是,他们就失去了平静的心态,乱了方寸,慌了手脚,表现出各种程度的胆怯。

一位哲人说过:"你的心态就是你真正的主人。"心态是一种由动能心素和复合心素所包括的多种心理品质的修养和能力,是人的意识、观念、动机、情感、气质、兴趣等心理状态的综合,是人的心理对各种信息做出反应的一种趋向。人的这种心理反应趋向对人的思维、选择、言谈和行为具有导向和支配的作用。人生的成败会受很多因素影响,但起决定作用的就是心态。

一个人要想打开自己人生的局面,必须了解自己的心态,战胜自己的心态,并调整好自己的心态。要靠积极的心态去生活和工作,而不能用消极的态度度过每一天。心态是能够完全掌握的东西,可以由自身主观努力去把握和调控。

亨利写过这样的诗句:"我是命运的主人,我主宰自己的心态。"决定你是否快乐的是一种心态。你的内心状况决定你是快乐、积极,还是悲观、消极。安东尼奥斯说过:"如果一个人不认为自己是快乐的,他就不可能有快乐的心态。"菲尔普斯也说过:"世界上最快乐的人是那些具有有趣想法和心态的人。"

只有你才能把握自己的心态,而你的心态塑造着自己的未来。我们能把贫穷的思想变成现实,同样也能把富裕的思想变成现实,这就是积极心态的力量。如果现在你还没觉得自己快乐,你必须先对自己的思想来一次彻底的改造。如果你的心中充满了消极思想,你就需要改变自己的精神生活,采用另一种积极向上的态度，做到胜不骄、败不馁，保持平常心。

好的心态是一种智慧，人生的方向是由心态来决定，如果你还没有一种好的心态，你就要强化这种智慧，把心态调整好。当你精神振奋，心胸开阔，容光焕发时，生命也便呈现出新的意义。

学会降低快乐的标准

有一个天使，送信的时候在人间睡着了。醒来后，他发现翅膀被偷走了。没有翅膀的天使，能力比普通人还要小。他又冷又饿，来到一户人家门口："我是天使，请把门打开。"

这家人打开门，看到天使被雨淋了，衣服皱巴巴的，却问："你给我们带来了什么礼物？"天使回答："我的翅膀丢了，回不到天堂去，没有礼物。""没有翅膀和礼物的天使不算天使！"这家人把门关上了。他敲开第二家、第三家的门，都遭到拒绝。

天使没办法，只好蹲在村口哭。一个牧羊人看他可怜，把他带回了家。天使吃饱了饭，穿上了暖和的衣服，开始对牧羊人述说自己的遭遇。

牧羊人说："你即使不是天使，我也会给你一顿饭吃的。如果你没别的事做，就留下和我一起牧羊吧。"

天使在人间的确不会什么手艺，便开始牧羊。天使每天梳理一些羊毛留下，日积月累，为自己织了一对羊毛翅膀，在牧羊人目瞪口呆的注视下飞走了。

过了几天，天使来答谢牧羊人，问他要什么。牧羊人说："给我增加100只羊吧。"

羊群增加了100只，牧羊人比过去更累了。于是他找到天使，请天使把羊收回，为自己盖一间大房子。牧羊人在大房子里住着，发现到处是灰尘，打扫不过来。

于是他用房子换了一匹马。牧羊人骑在马背上，但不知要到何处去，就把马还给了天使。

天使问："你还要什么？"牧羊人说："什么也不要了。"天使说："人本来有很多愿望，你难道没有吗？"牧羊人说："愿望实现之后，我才知道我不需要这些东西，它成了我的累赘。"

天使说："我送你一件无价之宝，那就是性格。你想有什么样的性格？"

牧羊人说："我已经有了这样的性格，那就是知足。"

快乐其实并不难,只是人们习惯将快乐的标准定的太遥远,简单的有时候就是幸福。

澳大利亚还有位华籍企业家谢英福,当时马来西亚有一家国营钢铁厂经营不景气,亏损高达 1.5 亿元。首相马哈迪找到他,请他担任公司总裁,他不假思索的答应了。在别人看来,这是一个错误的决定,因为钢铁厂债重难还,生产设备落后,员工凝聚力涣散,这是一个巨大的洞,根本无法填平的洞。

但谢英福却坦然对媒体说:“当年我来到马来西亚时,口袋里只有 5 元钱,这个国家令我成功,现在我要报效这个国家,如果我失败了,那就等于损失了 5 元钱。”

年近六旬的谢英福从别墅里搬出来,住进了那家破败的钢铁厂,三年后,工厂起死回生,开始大量创造财富。

5 元钱每个人都拥有,但当你拥有 1 万元、1 百万元、1 千万元的时候,还会以 5 元的标准衡量自己的快乐吗?

澳大利亚开奥运会的时候,在这片土地上发迹的媒体大亨默多克去捧场。

在现场,默多克发现座位底下散落着一枚硬币,他站起身来,然后蹲下,捡起了那枚硬币,脸上带着微笑。

这则细节被媒体爆炒,但我只记住了默多克的微笑,拥有亿万资产的他却为捡到一枚硬币而微笑。

香港的记者曾问过亚太首富李嘉诚,“君以为一生之中,最快乐的赚钱一刻是何时?”李说:“开一间临街小店,忙碌终日,日落打烊时,紧闭店门,在昏暗灯下与老伴一张一张数钞票。”

快乐的标准是一根可以无限拉伸的橡皮筋,你的欲望越大,它拉得就越长,快乐的标准也就越高。默多克、李嘉诚是智慧的,把快乐的标准降下来,降到人人都拥有的境地,那就快乐了。

快乐像跳高,跳杆越低,我们就会越轻松,越无所畏惧。只有快乐的标准被放低了,我们才能获得恒久远的幸福不是吗?